轻松掌握

数码摄影与Photoshop后期处理完全攻略

缪 鹏 高平 主 编
黄远 副主编
吴永坚 文学 主 审

化学工业出版社
·北 京·

本书针对摄影入门学习的需求编写而成，在书中安排了摄影的基本理论知识内容和常用数码照片后期处理实例等内容。全书共分为10章，前3章分别讲解数码摄影与Photoshop后期处理的关系、数码摄影用光、数码摄影构图；第4至9章分别讲解了Photoshop数码照片常规处理技术、妙手回春——缺陷数码照片处理技术、完美修饰——人像篇、完美修饰——静物篇、完美修饰——风光篇、完美修饰——艺术风格篇；第10章主要讲解数码照片存储与输出。全书文字通俗易懂，结合合理，具有较强的操作性。

本书适合大中专院校作为摄影课程的教材参考书，同时也适合爱好摄影特别是人像摄影的发烧友作为参考书，还适合各类设计行业工作人员作为图形图像处理的辅助工具书。

图书在版编目（CIP）数据

轻松掌握——数码摄影与Photoshop后期处理完全攻略/缪鹏，高平主编.—北京：化学工业出版社，2012.3
ISBN 978-7-122-13342-7

Ⅰ.轻… Ⅱ.①缪…②高… Ⅲ.图像处理软件，Photoshop Ⅳ.TP391.41

中国版本图书馆CIP数据核字（2012）第015635号

责任编辑：李彦玲　　装帧设计：尹琳琳
责任校对：徐贞珍

出版发行：化学工业出版社（北京市东城区青年湖南街13号　邮政编码100011）
印　　装：北京画中画印刷有限公司
787mm×1092mm　1/16　印张 $11^1/_2$　字数278千字　2012年5月北京第1版第1次印刷

购书咨询：010-64518888（传真：010-64519686）　售后服务：010-64518899
网　　址：http://www.cip.com.cn
凡购买本书，如有缺损质量问题，本社销售中心负责调换。

定　　价：49.00元

前言

将所有迷人的风景、美妙的瞬间、生动的人物，都通过镜头定格成一个个精彩动人的画面，这就是摄影的魅力！随着数码相机的普及，几乎每个家庭都拥有一部甚至几部数码相机了。同时手机的数码摄影功能也越来越强大，这让数码摄影普及得非常广泛了。用户只要轻轻按下快门便可记录精彩的生活画面。在数码相机渐渐取代传统的胶片相机后，学习基本的摄影理论和积累常规的拍摄经验尤为重要。与此同时数码后期处理也成为现今数码摄影的一个重要课题，对于学习摄影的读者来说，掌握和摄影相关的重要环节——照片的后期处理技巧也很有必要。而Photoshop又是最流行的照片处理软件之一，它具有众多丰富的功能，适合修饰各类照片。

本书正是针对摄影入门学习的需求编写的，在书中安排了摄影的基本理论知识内容和常用数码照片后期处理实例等内容，既有对摄影技术的详尽说明，也有对摄影这门艺术一般规律的诠释，让学习者学会摄影。另外通过对Photoshop 各项功能的介绍，透过常用照片后期处理的讲解，既可以弥补前期拍摄时的遗憾，又可根据个人的喜好进行创作。希望本书能够成为广大摄影爱好者学习的好伙伴。本书适合大中专院校作为摄影课程的教材参考书，同时也适合爱好摄影特别是人像摄影的发烧友作为参考书，还适合各类设计行业工作人员作为图形图像处理的辅助工具书。

本书由广州大学缪鹏、广州康大职业技术学院高平主编，石家庄职业技术学院黄远副主编，广东文艺职业学院吴永坚、文学主审，郭浩、苏凯发、张帆也参加了本书部分章节的编写。在编写的过程中参考了部分国内外同类书籍及互联网相关专业网站，在此对原作者表示诚挚的感谢！同时感谢摄影师温学伟、徐健文、陈威威为本书提供了大量的优秀作品；感谢出镜的模特们；感谢广州康大职业技术学院艺术系的同学们为本书素材作模特；感谢鼓励及支持本书出版的好友：李月兴、李治东、梁德强、温学伟、袁健飞、郭坤渊、倪佳标、蔡金丹、高国华、刘崇英等。感谢您选择了本书，希望本书能够为广大摄影爱好者及图像处理从业人员提供帮助。由于时间仓促及作者水平所限，疏漏之处在所难免，敬请读者朋友批评指正，我的电子邮箱是：highpingtwo@163.com。

高平

2012年1月

目录

关于数码摄影与Photoshop后期处理 /1

数码摄影用光 /19

6 完美修饰——人像篇 /71

7 完美修饰——静物篇 /85

9 完美修饰——艺术风格篇 /142

10 数码照片存储与输出 /161

1 关于数码摄影与Photoshop后期处理

数码摄影与Photoshop后期处理，都是富有极高的创意创作的活动。从数码相机普及以来，二者的关系更被众多用户拿到一起进行讨论；似乎没有经过Photoshop后期处理的数码照片都难以登堂入室。本章就以数码相机的操作技巧及Photoshop数码照片处理基础知识展开，如直接拍摄的数码照片与经过后期处理的效果对比，如图1-1所示。

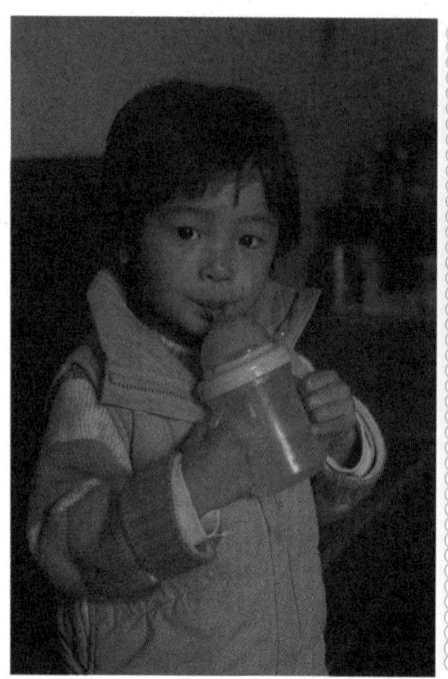

图1–1　前期与后期效果对比

1.1 关于数码摄影

随着科学技术的不断进步，摄影艺术已经从传统的胶片摄影体系发展到了数字技术的摄影，数码摄影是数字化发展的必然产物。虽然数码摄影的发展历程并不长，但它却以独特的魅力改变了传统摄影的审美观念、摄影技巧甚至是拍摄方式，并以极高的性价比冲击着传统摄影消费市场。

1.1.1 数码相机

数码相机通常被称为DC，是Digital Camera数字照相机的简称，是一种利用电子传感器把光学影像转换成电子数据的相机。

数码相机与传统的胶卷相机的化学变化记录图像的原理完全不同，数码相机的传感器是一种光感应式的电荷耦合（CCD）器件。拍摄完成的数码照片，通常会导入到计算机中；而在导出到计算机前，通常会先将数码照片数据存储在数码设备中，例如SD卡、软盘、磁盘、可重复擦写的光盘或者数码伴侣等。

数码相机是高精度的数码电器产品，集光学、机械、电子于一体，有影集信息转换功能、存储功能和传输功能，拥有数字化模式的存取、与计算机交互处理、实时拍摄的特点。光线透过镜头进入相机，将成像通过元件转换为数字信号。

数码摄影拥有传统相机不可媲美的优势：

① 即拍即看，从而提供了对不满意的作品立即重拍，大大减少了遗憾发生的机率；

② 减少冲晒费用，通过即时预览功能，快速删除不需要的照片；

③ 色彩还原真实，色彩范围广且不再依赖胶卷的品质；

④ 感光度不再因胶卷而异，随时根据拍摄需要通过菜单快速选择最佳感光度；

⑤ 将传统的暗房技术转换为数字暗房，可通过Photoshop等图形图像处理软件进行数码暗房操作。

1.1.2 数码摄影的发展

世界第一台照相机是1839年发明的，到今天已经有了170余年的发展历史。而数码相机则是20世纪80年代出现，并在短时间内随着科学技术的发展给大众生活带来了巨大的变化。

1984～1986年，松下、COPAL、富士、佳能、尼康等公司也纷纷开始电子相机的研制工作，相继推出了自己的原型电子相机，数码相机生命开始爆发。

1988年德国科隆博览会上，富士与东芝展出了共同开发的使用闪存卡的Fujixs数字静物相机“DS-1P”。这些产品的推出大大刺激了大众的好奇心，不需要感光胶片，相机同样可以记录影像成为当时最热门的话题之一。不过由于当时产品造价昂贵，体积庞大因而不利于普及，当时大多数消费者还是把数码影像作为一项高科技产品来看待。

1990年，柯达推出了DCS100电子相机，首次在世界上确立了数码相机的一般模式，从此之后，这一模式成为了业内标准。对于专业摄影师们来说，如果一台新机器有着他们熟悉的机身和操控模式，上手无疑会变得更加简单。为了迎合这一消费心理，柯达公司为DCS100应用在了当时名气颇大的尼康F3机身上，内部功能除了对焦屏和卷片马达做了较大改动，所有功能均与F3一般无二，并且兼容大多数尼康镜头。

随后数码相机的发展非常迅速。1995年上市销售的数码相机像素仅为41万，而到了1996年像素便达到了81万，数码相机开始全面进入大众的工作与生活，成为人们生活中最流行、最时尚的代言产品。

随着数码相机与计算机结合越来越紧密，越来越多的厂商加入了数码相机研发队伍。经过几年的辉煌发展，厂商竞争越来越激烈，数码相机的价格大大下降。

在数码单反相机领域，1999年尼康也发布了自主产品D1型号的数码单反相机，引发了单反数码相机的竞争，如图1-2所示。紧接其后的数码相机发展历程，伴随着像素越来越高、款式越来越多、外形越来越时尚的同时，也越来越低价，到今天已经真正普及到大众的生活工作中了。

图1-2 尼康D1单反数码相机

1.1.3 数码相机的分类

根据数码相机的级别，可分为单反数码相机、卡片数码相机、长焦数码相机。

（1）单反数码相机 指的是单镜头反光数码相机，简称为DSLR，是Digital（数码）Single（单独）Lens（镜头）、Reflex（反光）的首写字母缩写，通常体积比较大，如图1-3所示。

图1-3　单反数码相机

单反数码相机最大的特点就是可以交换不同规格的镜头，这也是单反数码相机天生的优势，也是普通数码相机不可比拟的特点，如图1-4所示。

图1-4　单反相机镜头

（2）卡片数码相机　卡片相机在摄影界并没有一个非常明确的概念，通常是拥有小巧外形、便捷携带、超薄时尚的数码相机，相当于传统摄影中的傻瓜相机的形式，如图1-5所示。

图1-5　卡片相机

卡片相机可以非常方便地携带，并且在正式场合将其放入口袋也不会使外衣变形；方便用户挂在脖子上等。虽然卡片相机的功能不算最强大，但其拥有时尚的外观、大屏幕液晶屏、小巧纤薄的机身，广泛用于家庭生活记录等大众用户。

（3）长焦数码相机 从长焦的概念上，很容易想到长焦数码相机的样子，就是指拥有长焦镜头的数码相机。通常所说的35mm镜头，mm表示镜头的焦距。镜头根据焦距可以分为广角镜头、标准镜头、长焦镜头等，而这些就是根据镜头放大成像范围的倍率而定的。长焦数码相机就是具有较大的光学变焦倍数机型，可以自由调节大幅度的焦距范围，拍摄效果类似于望远镜，是一种介于数码单反相机与卡片数码相机中间的一种类型，如图1-6所示。

图1-6　长焦数码相机

1.1.4　数码相机名词解析

（1）超焦距 当使用的镜头在无限远的位置时，位于远处的景物将结成清晰的图像；同时在有限距离物体也能达到清晰的标准，但近于这一点的物体将会变得模糊，这个物体与镜头之间的距离，通常会被称为超焦距。如图1-7所示，B处与C处的景物成清晰图像，镜头与B处间的物体为模糊，则镜头到B处的距离即为超焦距。

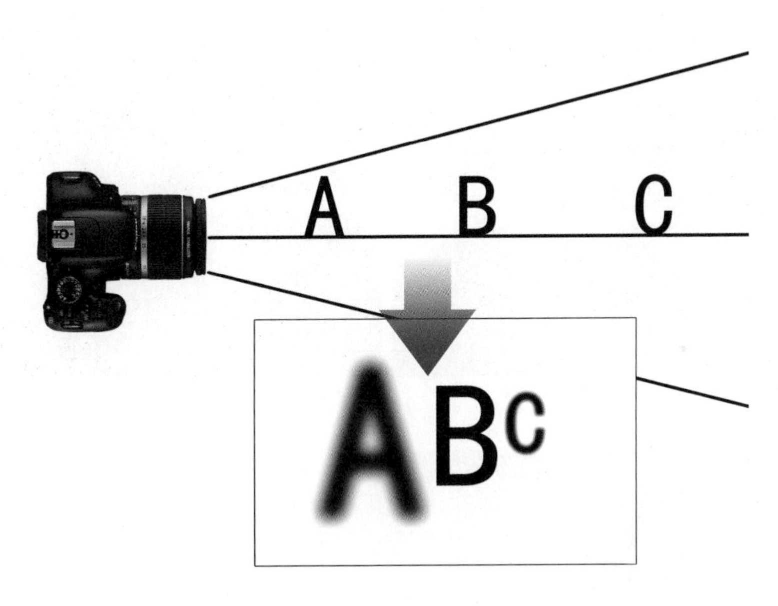

图1-7　超焦距

（2）焦距 指透镜中心与焦点的距离。通常用mm来表示焦距的单位。通常焦距都标在镜头前面，如图1-8所示。

（3）光圈 是一个用来控制光线透过镜头，进入机身内感光面的光量的装置，通常是在镜头内。通常用f来表达光圈大小值。对于已经制造好的镜头，是不能随意改变镜头的直径的，但是可以通过在镜头内部加入多边形或者圆形，并且面积可变的孔状光栅来达到控制镜头通光量，这个装置就叫作光圈，如图1-9所示，光圈开得越大，进入镜头的光线就越多，曝光就越明显。

图1-8　焦距

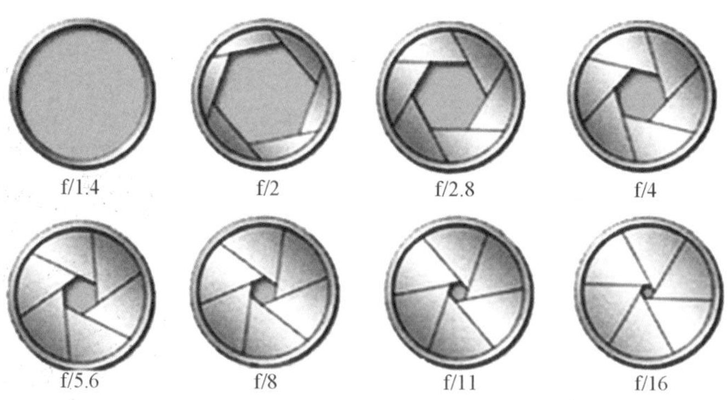

图1–9 光圈示意图

（4）快门 是用于控制曝光时间长短的装置，通常可分为帘幕式快门、叶片式快门、钢片式快门三种形式。通常说快门速度，指的就是快门开启的时间，传统摄影中是指光线扫过胶片的时间，例如“1/15”指的是曝光时间为1/15秒。与光圈相比，光圈指的是进入镜头光线的量，快门速度指的是进入镜头光线持续的时间。如图1-10是同角度的二幅作品，A是0.2秒快门速度，B是5/8秒快门速度。

图1–10 不同快门速度摄影对比

图1–11 景深大小对比

（5）景深 指的是影像相对清晰的范围。通俗地讲，景深越大的作品，前后物体距离越大，清晰的物体与模糊的物体差距明显，景深小的作品则反之。景深长短通常取决于三个要素：镜头焦距、相机与被摄物体的距离、所用的光圈值。如图1-11所示，A的景深比较小，所拍摄影的景物都比较清晰，前后虚实对比就比较弱；而B的景深较大，物体前后的虚实对比强烈。

1.2 数码相机操作技巧

1.2.1 数码摄影的拍摄姿势

要拍摄到好的摄影作品，最重要的就是掌握正常的持机拍摄姿势。无论其它摄影要素及技术掌握得多好，快门速度与光圈值搭配得多好，在按下快门的一瞬间只要有抖动，照片的质量一定会大大降低。有时虽然可以借助三脚架来减小抖动性，但摄影是瞬间的艺术，通常不允许摄影师花太多时间去安置三脚架。

（1）右手握数码相机姿势 数码相机通常在手柄位置或者拇指位置装置了橡胶，以防止打滑产生抖动；通常是食指放在快门装置上，四指握住手柄，拇指放在模式转盘位置，如图1-12、图1-13所示。

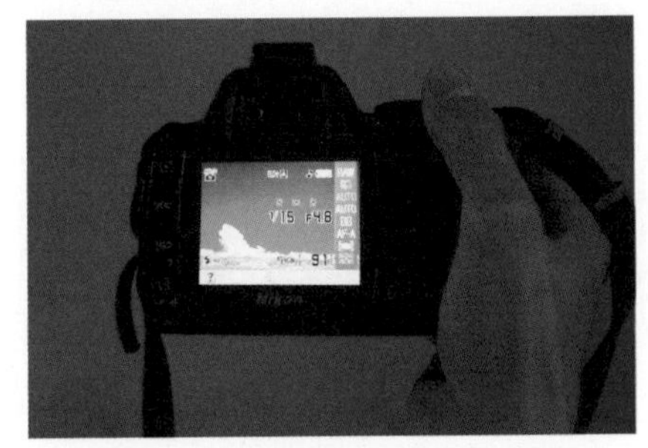

图1-12 右手握相机示意（一）

图1-13 右手握相机示意（二）

（2）双手握数码相机 右手与单手握的方法一样，左手通常从镜头下方托住镜头及机身以保持平衡，同时也方便随时调节焦距及光圈值，一只眼睛靠近取景窗口，头与双手呈三角形，如图1-14所示。

（3）身体重心 站稳防抖动是拍摄好照片的前提，站立拍摄的时候，双脚要交叉分开以获得最佳的稳定性，由于是右手按下快门，要使身体重心落在右脚以减少按下快门时的抖动性，如图1-15所示。

（4）借助环境物体来支持拍摄 同样可以获取稳定的效果，如图1-16所示。

图1-14 双手握相机

图1-15 身体重心

图1-16 借助环境物体

图1-17　转盘示意

1.2.2 数码相机的操作方式

一般各种品牌、各种类型的数码相机的转盘上都有Auto/A/S/P/M字样，它们分别代表着不同的操作方式，如图1-17所示。

（1）Auto　在中文中解释为自动，所以在相机器材中为全自动挡。是一种最快速、最方便的拍摄方式，用户仅需要按下快门即可获得照片。在数码相机中，Auto模式可以自对焦、自动寻找最合适的曝光度、设置最理想的白平衡值等。

（2）A（AV）　习惯称之为A挡，即光圈优先模式。从名词上可以理解，光圈优先，即在A挡内用户能自行调节的值为光圈，其它参数相机会自动测试调节以保证正确的曝光度。

（3）S（TV）　S挡和A挡恰恰相反，是快门速度优先模式。在快门优先的模式下，用户可以自定义快门值，相机系统将自动提供合适的光圈。

（4）P挡　P是英文单词Program的首写字母。中文为程度优先模式。P挡综合了A挡与S挡的功能，用户可以调节白平衡、曝光补偿、自行测光，系统会自动设置合理的光圈快门组合数据。

（5）M挡　也称为全手动挡，这种模式下相机内置的测光系统等均不会工作，需要摄影师依靠经验手动调节，初学者容易出现曝光不足或曝光过度的情况。一般中高级用户使用较为合适。

1.3 关于Photoshop

1.3.1 Photoshop简介

Photoshop是平面图像处理业界霸主Adobe公司推出的跨越PC和MAC两界首屈一指的大型图像处理软件，也是当今世界上最为流行的图像处理软件，是集图像制作、扫描输入、修改合成、特效处理以及高品质分色输出等功能于一体的图像处理软件。它功能强大，操作界面友好，得到了广大第三方开发厂家的支持，从而也赢得了众多用户的青睐。

Photoshop支持众多的图像格式，对图像的常见操作和变换做到了非常精细的程度,使得任何一款同类软件都无法望其项背；它拥有异常丰富的插件(在Photoshop中叫滤镜),熟练后能体会到“只有想不到,没有做不到”的境界。

随着数码摄影的发展，Photoshop以其优异的图像处理能力成为了现今被最多人使用的数码图像处理软件之一。目前最新版为CS5，如图1-18所示。

1.3.2 数码照片为什么要处理

数码照片的后期制作在摄影艺术中是一项非常重要的工作，过去传统的后期制作不仅烦琐，而且需要很多材料，这是许多摄影爱好者所不具备的，而且投资很大，现在简单了，但

图1–18　Photoshop界面

是简单不意味就是用软件去做几个简单的动作，后期制作是一次摄影的再创作，如果做得好，平淡的片子可以得到较好的效果，后期制作也需要创作激情，更需要灵感，同时也是对摄影水平和审美观的一次考验。

1.4 Photoshop操作技巧

1.4.1　校正显示器色彩

由于每一台显示器设置都有所不同，甚至是相同型号的显示器。这就会导致数码照片色彩显示不统一；同时也会拉大与冲洗出来的效果距离。所以校正显示器色彩就显得非常重要，这里介绍一个简单而有效的校正显示器色彩的方法。

① 点击“开始”/“设置”/“控制面板”，如图1-19所示。

② 在弹出的控制面板中，双击“Adobe Gamma”图标，如图1-20所示。

图1–19　控制面板

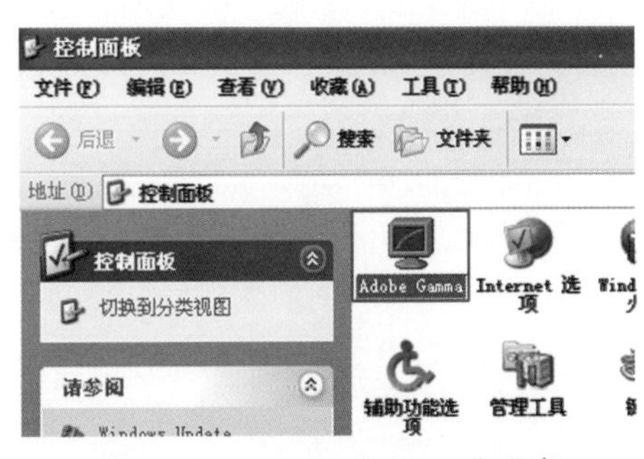

图1–20　“Adobe Gamma”图标

③ 进入Adobe Gamma控制面板，选择“逐步（精灵）”，然后单击“下一步”按钮，如图1-21所示。

④ 进入“Adobe Gamma设定精灵”，单击“加载中”按钮，然后单击“下一步”按钮，如图1-22所示。

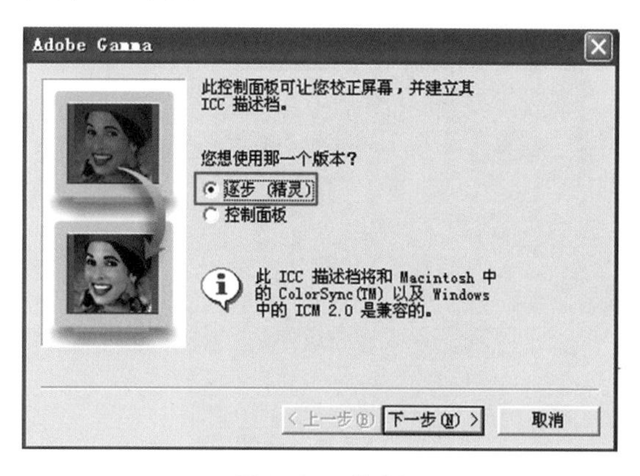

图1-21　选择

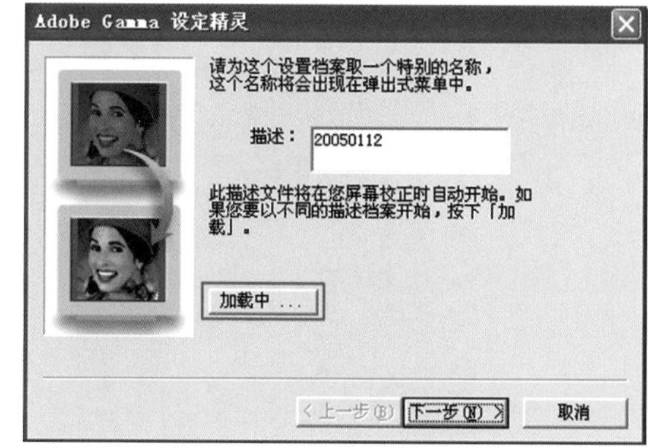

图1-22　加载

⑤ 进入“打开屏幕描述文件”对话框，如图1-23所示。

⑥ 选择“sRGB Color Space Profile”，然后单击“打开”按钮，如图1-24所示。

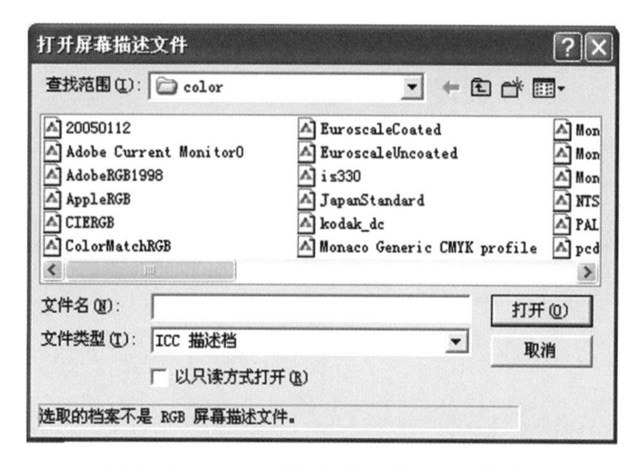

图1-23　“打开屏幕描述文件”对话框

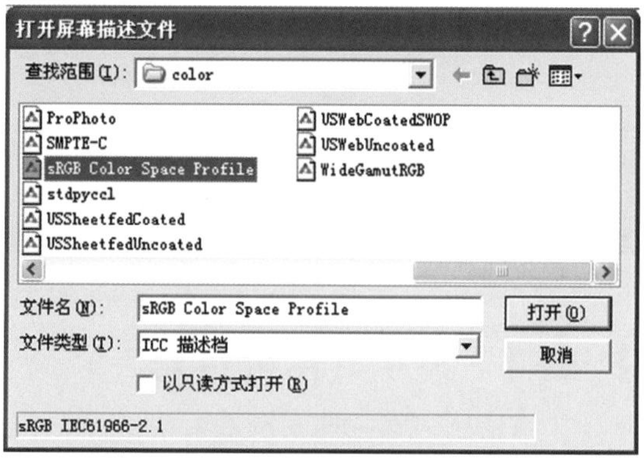

图1-24　选择文件

⑦ 回到Adobe Gamma设定精灵界面，注意现在的描述字段已经同刚才不一样，变成了“sRGB IEC61966-2.1”。sRGB IEC61966-2.1实际上就是刚刚选择的描述文件sRGB Color Space Profile，是整个Gamma校准工作的起点，然后单击“下一步”按钮，如图1-25所示。

⑧ 进入“对比度、亮度”对话框，按照提示先调整对比度。在显示器上找到对比度调整按钮，手动调整对比度到100%。然后调整亮度。注意到这里有从小到大排列的灰、黑、白三个正方形，在显示器上找到亮度调整按钮做手动调整，使中间的灰色块尽可能地暗（但不要全黑），如图1-26所示。

⑨ 对比度、亮度调整完毕，单击“下一步”按钮，进入“屏幕荧光剂设定”对话框，用这里的默认值，直接单击“下一步”，如图1-27所示。

⑩ 进入“伽玛设定”对话框，下面是灰度系数，默认值2.2，如果用的是Windows系统，那么需要的正好就是2.2，然后单击“下一步”按钮，如图1-28所示。

⑪ 然后调整颜色，取消“仅检视单一伽玛”，用键盘箭头来回移动滑标，分别使红、

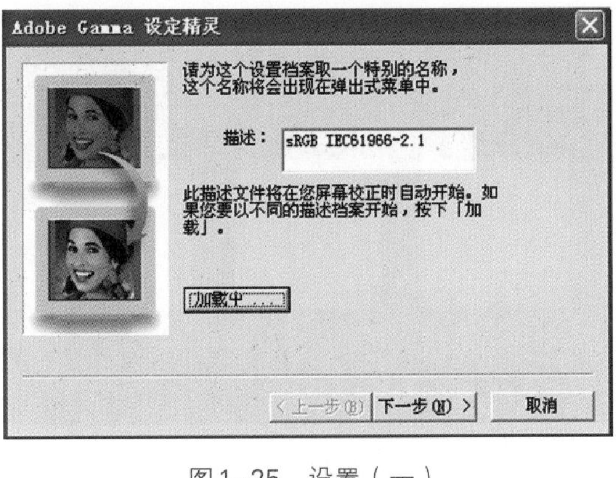

图1-25　设置（一）

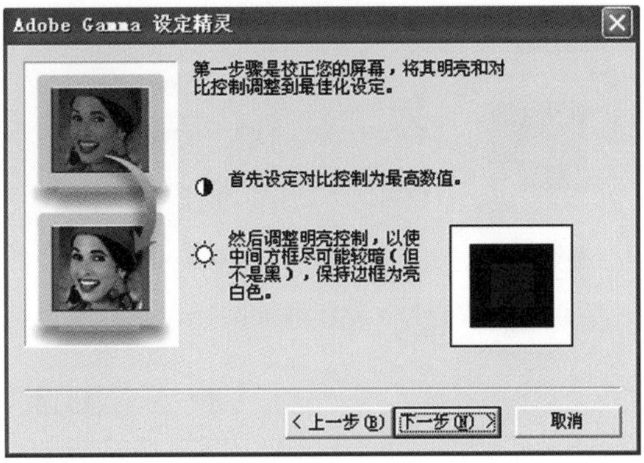

图1-26　设置（二）

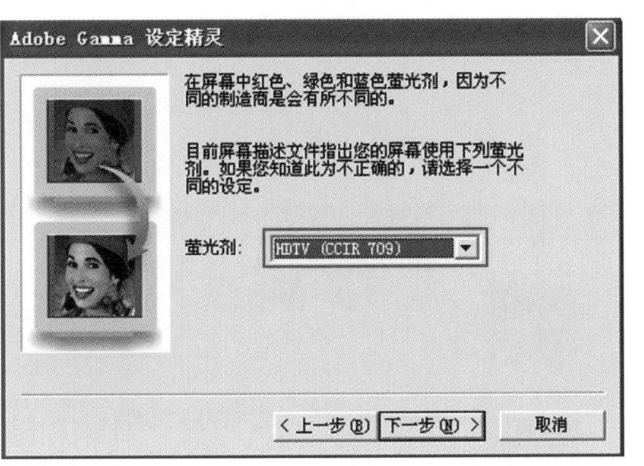

图1-27　设置（三）

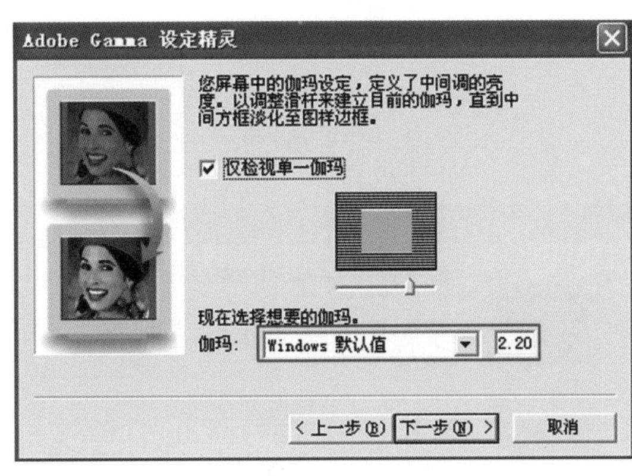

图1-28　伽玛设定

绿、蓝的中间方块尽可能地“淹没”在水平线背景中，然后单击“下一步”按钮，如图1-29所示。

⑫ 进入“硬件最亮点设定”对话框。默认的最亮点是开氏6500度，在这里选择默认值，然后单击“下一步”按钮，如图1-30所示。

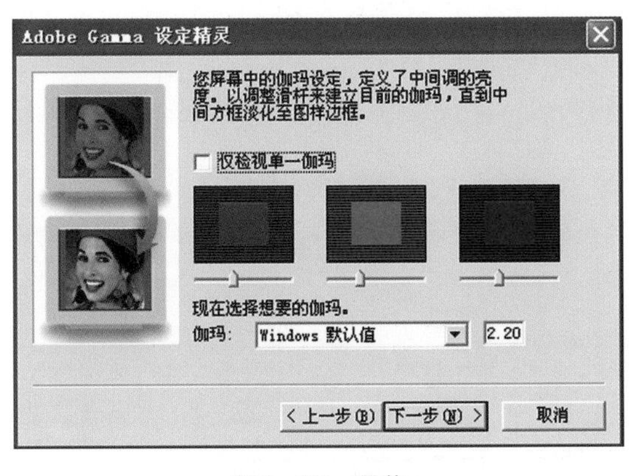

图1-29　调节

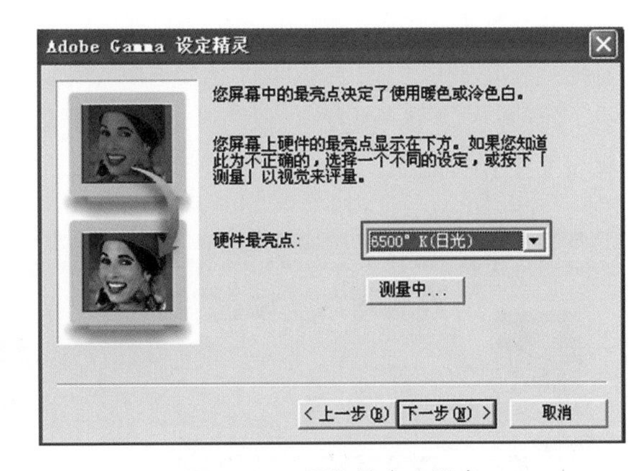

图1-30　硬件最亮点设定

⑬ 如果要追求完美效果，可以进行实测，出现一个操作提示图，如图1-31所示。

⑭ 屏幕上出现三个方块图，点击左侧方块，三个方块变得冷一点儿，点击右侧方块，三个方块变得暖一点儿，来回点击，使左右两侧方块的冷暖对比达到目测最大化，这个时候中间方块就达到了最高纯度的灰色，如图1-32所示。

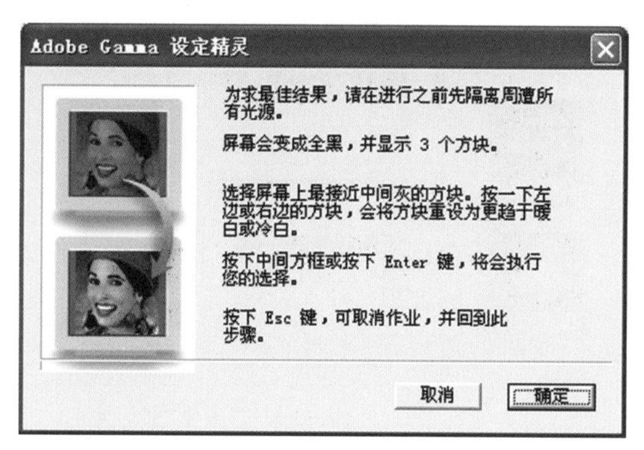

图1–31　实测

图1–32　测试

⑮ 单击中间方块，退回到硬件最亮点设定对话框。注意硬件最亮点已经不是刚才的6500度，而变成了“自订”，单击“下一步”按钮，如图1-33所示。

⑯ 得到一个“已调整的最亮点”通知，单击“下一步”，如图1-34所示。

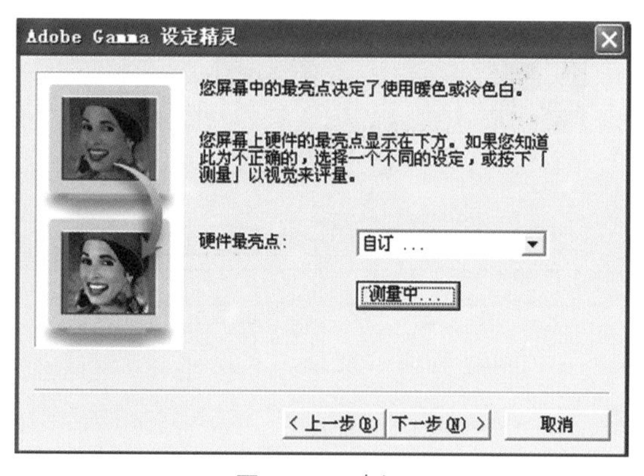

图1–33　自订

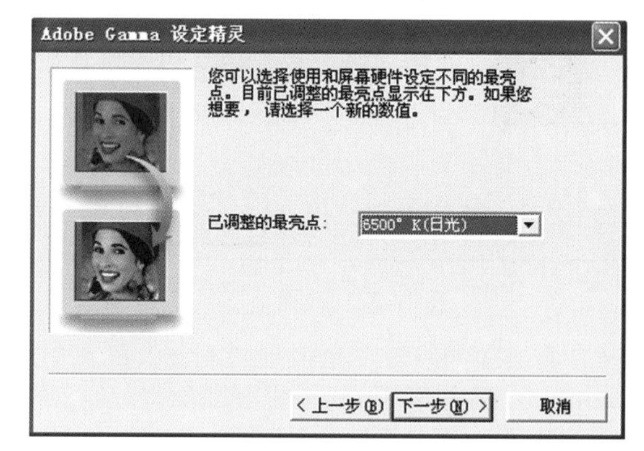

图1–34　已调整的最亮点

⑰ 得到“完成”通知，通知中有两个选项，可以在两个选项之间来回点击，看那头像和整个窗口的颜色发生了些什么变化，单击“完成”，如图1-35所示。

⑱ 进入“另存为”对话框，在下面键入一个名字，比如20050201，然后单击“保存”，全部工作真正结束，如图1-36所示。

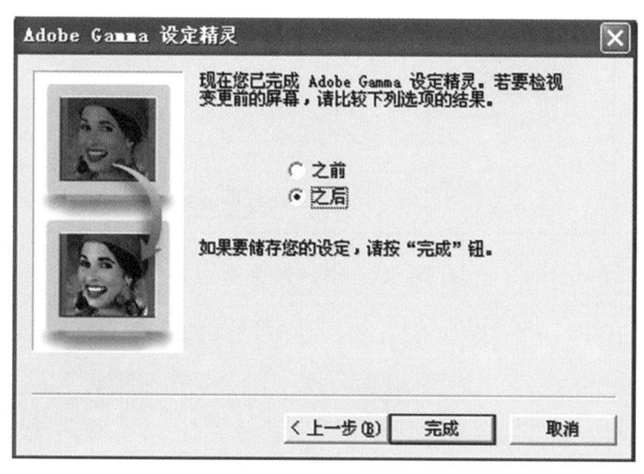

图1–35　完成

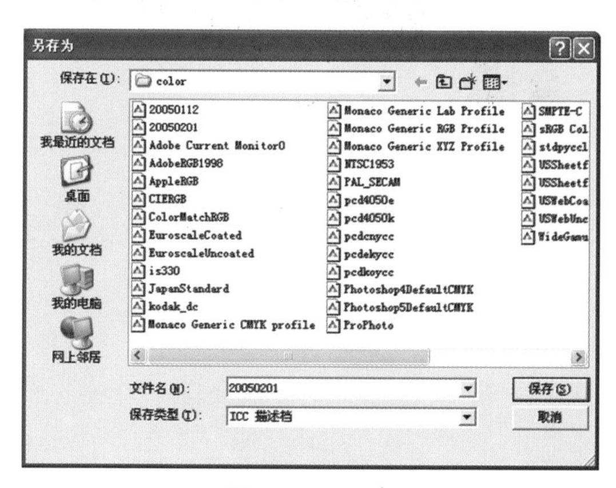

图1–36　另存

1.4.2 选择工具

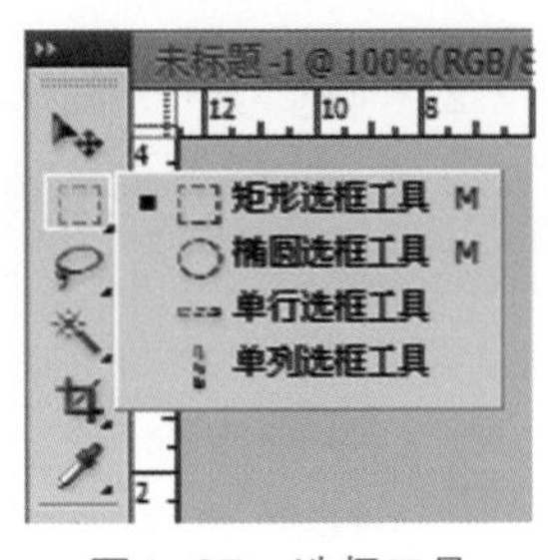

图1-37 选择工具

选择图像是进行编辑图像之前需要完成的一个重要步骤，灵活、方便、精确地进行图像选择，是提高编辑图像效率和质量的关键。系统提供了众多选择图像的方法，这里主要介绍工具箱中的常用选择工具。

（1）选择框 包含矩形框、椭圆框、单像素水平线框和单像素垂直线框几种，主要用于选择一个几何图形区域，如图1-37所示。

（2）使用选择框操作步骤

① 用鼠标单击工具箱中的选择框工具并向左拖动鼠标，选择一种选择框，如矩形框，如图1-38所示。

② 在图像窗口的所需区域拖曳出矩形。若选择椭圆选择框时，则画出一椭圆形区域，如图1-39所示。

③ 在按下Shift键的同时做上述操作，则可画出正方形和正圆形区域。如图1-40和图1-41所示。

（3）套索工具 主要包括套索工具、磁性套索工具和多边形套索工具，常用于选择不规则的图像区域，如图1-42所示。

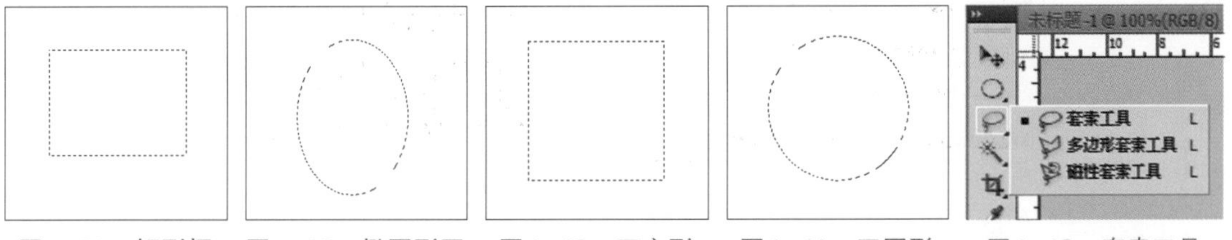

图1-38 矩形框　图1-39 椭圆形区　图1-40 正方形　图1-41 正圆形　图1-42 套索工具

① 套索工具操作步骤：先在工具箱中选择套索工具，然后在图像中按下鼠标左键，根据需要拖动鼠标，直到选择完所需区域，再松开鼠标，如图1-43所示。

② 多边形套索工具操作步骤：先在工具箱中选择多边形套索工具，然后在图像中的所需区域单击鼠标左键，确定多边形的一个顶点，再按需要拖动鼠标画出若干条边，最后在封闭的顶点处双击鼠标左键，完成多边形区域的勾画，如图1-44所示。

③ 磁性套索工具操作步骤：选择磁性套索工具，然后在所需的图像区域按下鼠标左键并拖动鼠标，选择线就会紧贴图像内容。当双击左键时，可以结束磁性手画线的操作，如图1-45所示。

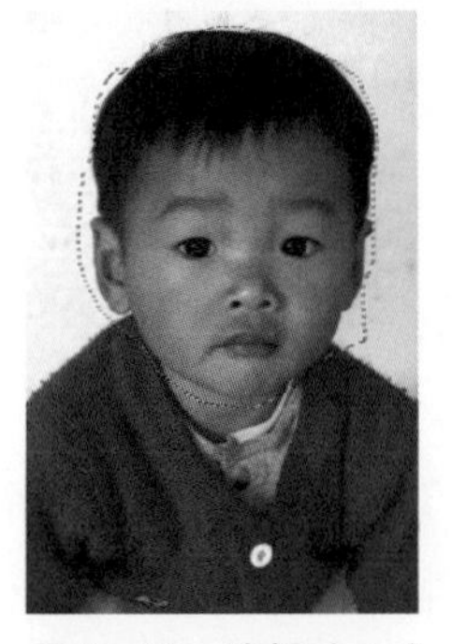

图1-43 选择（一）

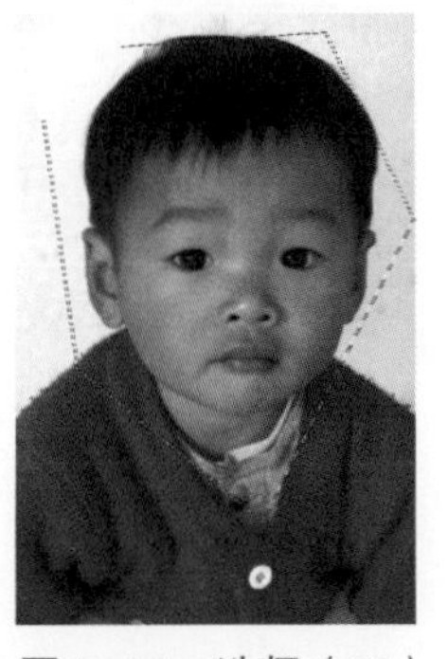

图1-44 选择（二）

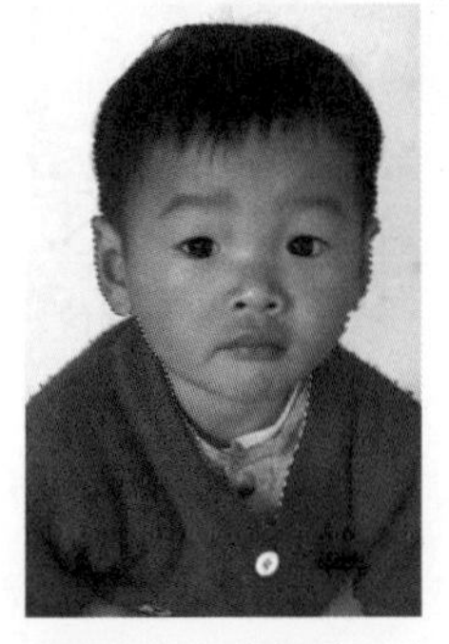

图1-45 选择（三）

1.4.3 绘画工具

Photoshop 的绘图工具包括画笔、铅笔、历史记录画笔、艺术历史记录画笔、橡皮图章、图案图章、橡皮擦、背景橡皮擦、魔术橡皮擦、模糊、锐化、涂抹、加深、减淡和海绵等工具。

操作步骤如下。

① 首先在颜色面板选取绘图工具的颜色，如图1-46所示。

② 工具选项栏中设置画笔像素大小，如图1-47所示。

③ 在工具选项栏中设置工具的相关参数，例如模式为正常、不透明度为100%，流量为100%，如图1-48所示。

④ 在绘图区拖动鼠标即可开始绘制工作，如图1-49所示。

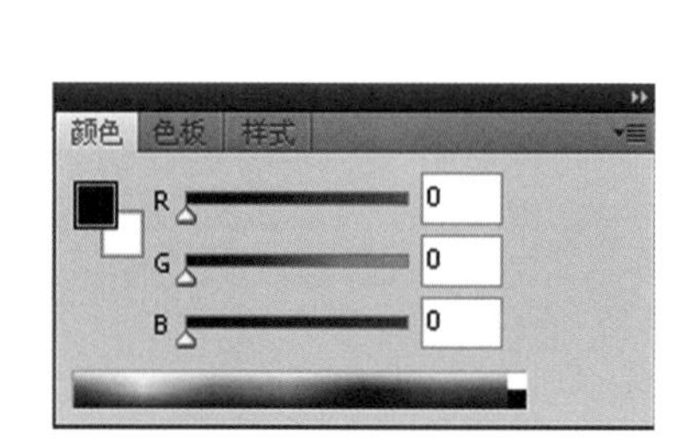

图1-46　颜色

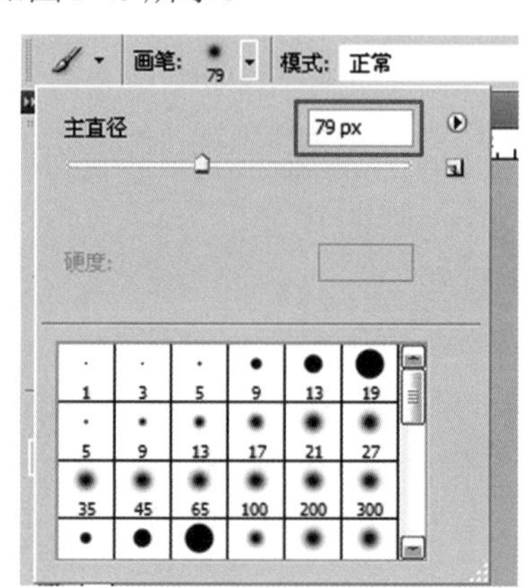

图1-47　画笔设置

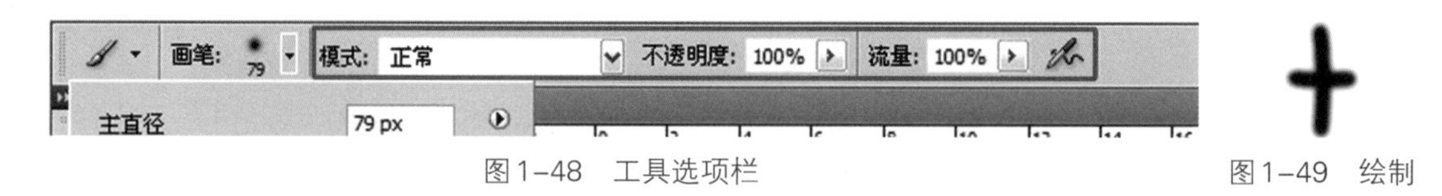

图1-48　工具选项栏

图1-49　绘制

1.4.4 修饰工具

图1-50　仿制图章工具

图像修饰工具包括：仿制图章、图案图章、修复画笔、修补、模糊、锐化、涂抹、减淡、加深以及海绵工具，可以使用它们来修复和修饰图像。

（1）仿制图章工具 使用仿制图章工具（图1-50）可准确复制图像的一部分或全部从而产生某部分或全部的拷贝，它是修补图像时常用的工具。例如，若原有图像有折痕，可用此工具选择折痕附近颜色相近的像素点来进行修复。

单击工具箱中的仿制图章工具，便出现其工具选项栏如图1-51，在画笔预览图的弹出调板中，如图1-52所示；可以选择不同类型的画笔来定义仿制图章工具的大小、形状和边缘软硬程度。在“模式”弹出菜单中选择复制的图像以及与底图的混合模式，如图1-53所示；并可设定“不透明度”和“流量”，还可以选择喷枪效果，如图1-54所示；在有很多图层的情况下，选择“当前图层”，如图1-55所示；选项后再用仿制图章工具，不管当前选

图1-51 工具选项栏

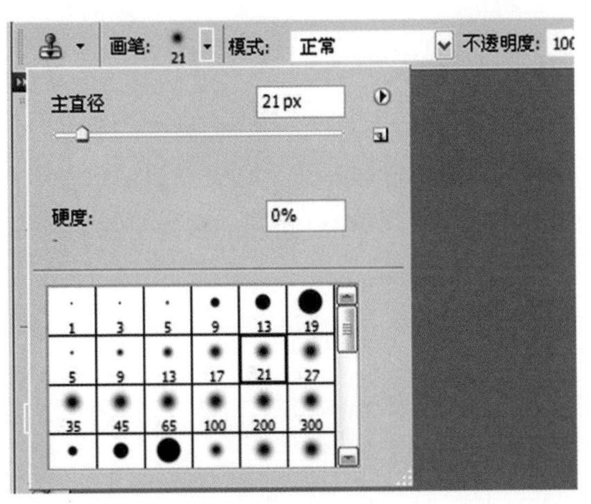

图1-52 画笔大小

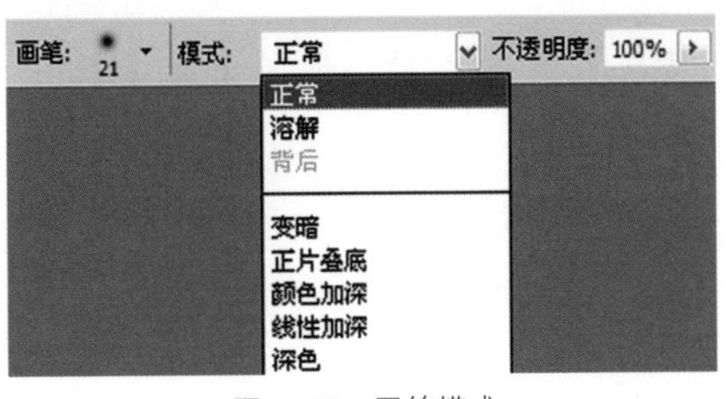

图1-53 画笔模式

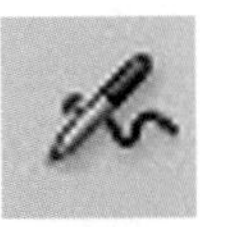

图1-54 喷枪

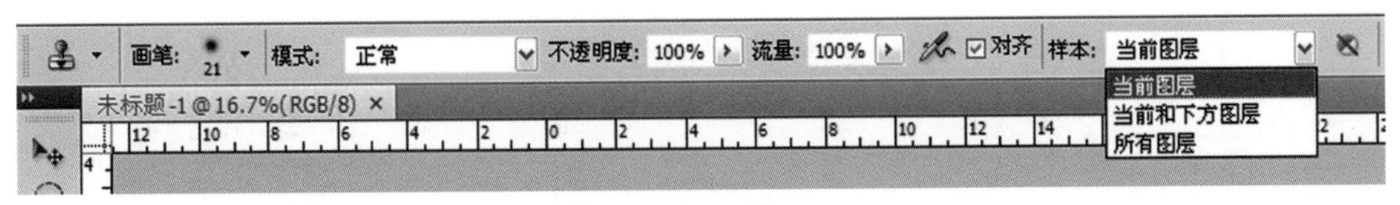

图1-55 当前图层

择了哪个层，此选项对所有的可见层都起作用。

（2）图案图章工具 图案图章工具的使用和仿制图章工具的使用基本相同，而且其选项板的设置也和仿制图章工具一样。但是它的用法和仿制图章工具的使用不一样，下面介绍怎样使用图案图章工具：使用矩形工具（注意只能使用矩形，不能使用圆形的工具）在图像中选择一个矩形的区域作为定义对象，然后执行“编辑”菜单中的“定义图案”命令定义好图案。在要复制的图像中拖动鼠标即可逐渐出现选择的矩形区域图像。

（3）修复画笔工具 修复画笔工具的使用和图案图章工具的使用基本相同，而且其选项板的设置也和仿制图章工具一样。在修复画笔工具上面还有几种属性选择，如果当模式选择替换的时候，本来修复画笔工具是有自动区分颜色功能，修复的地方都会比较柔和，但是选择了替换模式以后，这个功能也就消失了，修复出来的效果会比较生硬，不会跟周围的颜色自动融合，这个功能也跟仿制图章工具是一模一样的，还有一种属性就是“源”，默认的是取样，取样都非常容易理解，也就是按住Alt键所做那一步就叫作取样，还有一种源叫作图案，当选择了这种模式以后，可以在旁边选取所需要的图案，当然也可以加载电脑里的图案，选取以后用画笔工具涂抹出来的效果就是这张图片的样子

（4）修补工具 单击工具箱中的修补工具，便出现修补工具选项栏如图1-56所示，在修补工具选项栏中最重要的选项是如图1-57所示。源的意思是将别处的图像覆盖到选区，而目标的作用刚好相反，将选区的图像覆盖到别处。

图1-56 修补工具选项栏

图1-57 工具选项

（5）模糊工具 工具箱中的模糊工具和滤镜的模糊工具作用基本相同，只是在同一图层内，工具箱中的模糊工具是按制作者意图将某处修改，而滤镜的模糊是将整一图层模糊。

（6）锐化工具 工具箱中的锐化工具和滤镜的锐化工具作用也是基本相同，和模糊工具用法也是相同的。

（7）涂抹工具 涂抹工具的效果就好像在一幅未干的油画上用手指划拉一样。如果打开"手指绘画图"选项，就好比手指先蘸染一些颜料再在画面中划拉一样。绘画的颜色就是前景色。其属性栏中的内容与模糊工具属性栏的选项内容类似，只是多了一个"手指绘画"选项，如图1-58所示，用于设定是否按前景色进行涂抹。

☑手指绘画

图1-58 涂抹工具

（8）加深工具 加深工具是用来对局部的颜色进行加重的工具。点加深工具后，在图像上有一圆圈，按住左键不放就可进行加深操作。使用时要根据加深部位的大小设置画笔的主直径，一般设置稍大些为好。另外要注意画笔的硬度设置，一般放在最小为好。再就是曝光度的设置最为关键，一般设置不要超过15为好，这样在进行加深操作时可以循序渐进，不至于一上去就将颜色加得太深而失败重来。至于操作时的手法，一般是画圆圈，也可以横竖涂抹，但画圈比较自然。加深处理最重要的是效果自然。要做到自然就要慢慢来，逐步加深，适当即可。如果觉得太深了，可以撤销重来。

（9）减淡工具 减淡工具和加深工具作用刚好相反，其基本原理和操作原理都是一样的。

（10）海绵工具 海绵工具是用来吸去颜色的。用此工具可以将有颜色的部分变为黑白。它与减淡工具不同，减淡工具在减淡时同时将所有颜色，包括黑色都减淡，到最后就成一片白色。而海绵工具只吸去除黑白以外的颜色。点选海绵工具后，属性栏的模式就会自动变为"去色"。这个"去色"与调整里的去色有所不同，它去色范围更加随意，去色的多少和深浅可以自行掌握。

1.4.5 图像调整功能

Photoshop图像调整功能包括自动色阶、自动对比度和自动颜色、调整照片尺寸的方法、手动修改照片、色阶、色彩平衡、亮度和对比度等。下面分三个部分简单地概述，本书后半部分将以实例详细介绍使用方法。

（1）Photoshop的自动色阶、自动对比度和自动颜色

由于拍摄技术和摄影光线上的原因，一般获得的照片或多或少都会有一些色彩不足、光线暗淡、焦距、曝光效果不好等缺点，所以初学使用Photoshop给数码照片调色的时候，最现成的方法就是"自动色阶"、"自动对比度"和"自动颜色"，多数情况下这三个方法会帮助我们获得比较满意的图像效果，如图1-59所示。

（2）用Photoshop调整数码照片尺寸的方法

一般数码相机拍摄的照片多为1024*768，1600*1200等规格，根据数码相机的品牌和型号的不同，有的相机的相片尺寸可以达到3040*4048或者更高。比如：佳能400D是3888*2592；佳能D1是4992*3328，如果用这些尺寸的相片来做电子作品或者用在网页上，显然是不好用的或者说不可用的，所以就要对数码相片进行调整。用Photoshop调整数码照片尺寸的方法有照片裁剪和照片整体缩小两种方式。

照片裁剪：直接使用工具栏上的裁剪工具对画面进行裁剪，如图1-60所示。

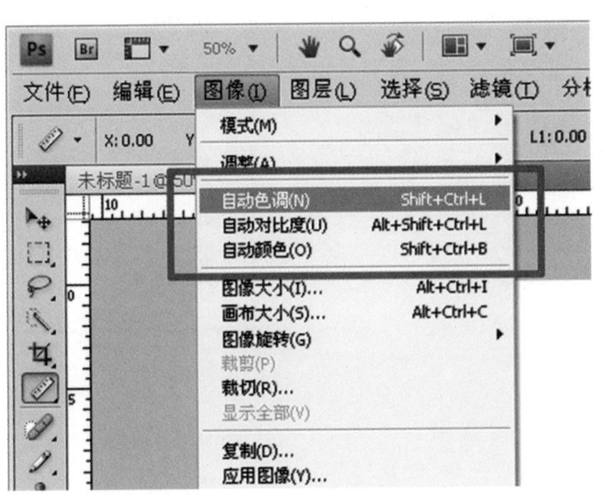

图1-59 自动色调

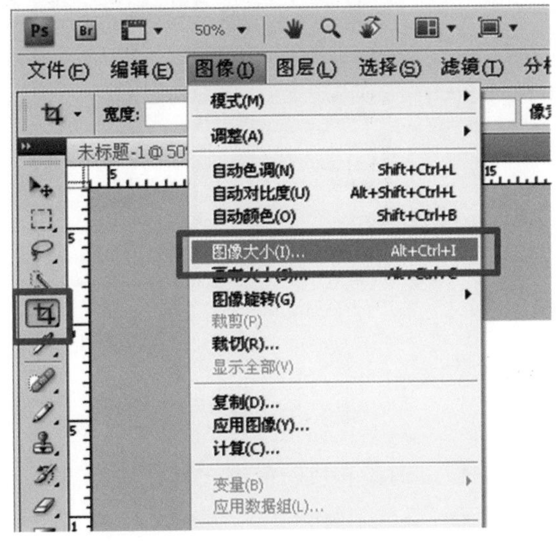

图1-60 照片裁剪

照片整体缩小：点击菜单中的“图像”，选择“图像大小”即可看到当前照片的宽度和高度的尺寸。把宽度修改为需要的像素数即可，有两种调整方式，①按比例缩小，②自定义比例缩小，如图1-61所示。

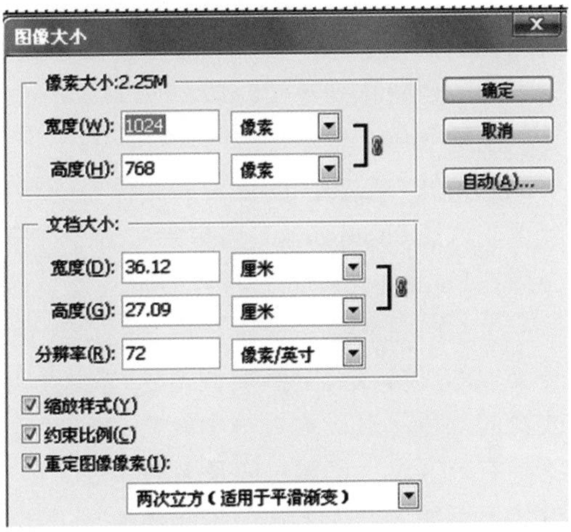

图1-61 图像大小对话框

（3）手动修改

在“调整”功能下有许多针对色彩、亮度、曲线、对比度、色彩平衡等效果的专业选项，这些选项可以详细地设置照片的各种效果，如图1-62、图1-63所示。

色阶：色阶也属于Photoshop的基础调整工具，在色阶对话框中的通道中选择“RGB”模式，然后可以调节下方的节点来调整图像整体的亮度和对比度。

色相/饱和度：在大家对色彩还不甚了解的情况下，就接触过这个色彩调整方式。它主要用来改变图像的色相。就是类似将红色变为蓝色，将绿色变为紫色等。

饱和度：是控制图像色彩的浓淡程度，类似电视机中的色彩调节一样。改变的同时，下方的色谱也会跟着改变。调至最低的时候图像就变为灰度图像了。对灰度图像改变色相是没有作用的。

明度：就是亮度，类似电视机的亮度调整一样。如果将明度调至最低会得到黑色，调至最高会得到白色。对黑色和白色改变色相或饱和度都没有效果。

色彩平衡：色彩平衡是一个功能较少，但操作直观方便的色彩调整工具。它在色调平衡选项中将图像笼统地分为暗调、中间调和高光三个色调，每个色调可以进行独立的色彩调整。从三个色彩平衡滑杆中，我们初识了色彩原理中的反转色：红对青，绿对洋红，蓝对黄。属于反转色的两种颜色不可能同时增加或减少。

图1-62　模式

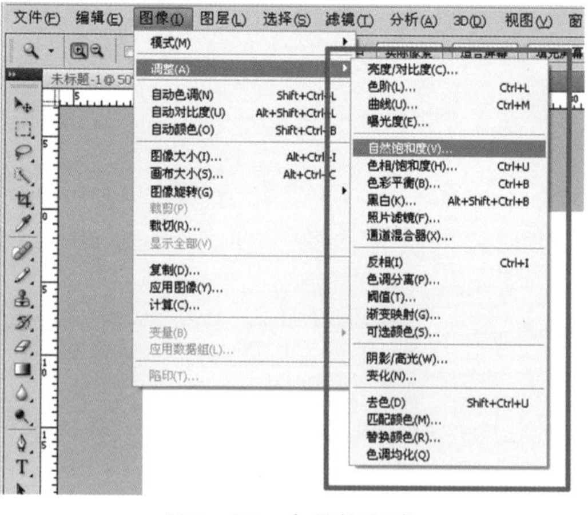

图1-63　自然饱和度

曲线：曲线和色阶效果一样，可以改变照片的光线效果。

暗调/高光：这个工具用来修改曝光过度和曝光不足的照片，开发这个工具的用途就是针对修复数码照用途的。启动暗调/高光调整工具后勾选下方“显示其他选项”，会出现一个很大的设置框。分为暗调、高光、调整三大部分。现在先将高光的数量设为0，单独来看看暗调的调整效果。暗调部分调整的作用是增加暗调部分的亮度，从而改进照片中曝光不足的部分，也可称为补偿暗调。

匹配颜色：虽然通过曲线或色彩平衡之类的工具，可以任意地改变图像的色调，但如果要参照另外一幅图片的色调来做调整的话，还是比较复杂的，特别是在色调相差比较大的情况下。为此Photoshop专门提供了这个在多幅图像之间进行色调匹配的命令。需要注意的是，必须在Photoshop中同时打开多幅图像（两幅或更多），才能够在多幅图像中进行色彩匹配。

替换颜色和色彩范围选取：这个颜色调整命令和前面学习过的色相/饱和度命令的作用是类似的，可以说它其实就是色相/饱和度命令功能的一个分支。使用时在图像中点击所要改变的颜色区域，设置框中就会出现有效区域的灰度图像（需选择显示选区选项），呈白色的是有效区域，呈黑色的是无效区域。改变颜色容差可以扩大或缩小有效区域的范围。也可以使用添加到取样工具和从取样中减去工具来扩大和缩小有限范围。颜色容差和增减取样虽然都是针对有效区域范围的改变，但应该说颜色容差的改变是基于在取样范围的基础上的。

2 数码摄影用光

2.1 光的运用

摄影本身就是光的艺术，被人们称为“用光线绘画”。在数码摄影中光线的运用是否合适直接影响到画面效果。不管摄影师是需要拍摄一幅留影还是精彩的艺术作品，其效果往往都由光线来决定。

2.1.1 平白的顺光拍摄

光线从摄影师背后照射到被拍摄物体时，称此光线为顺光。顺光下的景物给观众以比较平淡的感觉，立体感及空间感较弱，画面反差较小。例如读者熟悉的证件照，被拍摄物体前面两盏大灯，那就是典型顺光了。同时，使用闪光灯拍摄也同样属于顺光，顺光人像如图2-1所示。顺光可以将被拍摄物体本身的面貌轻松地表现出来，色彩还原真实，饱和度及透明度也较好，如图2-2所示，产品细节丰富，顺光非常适合拍摄网店商品。所以顺光对拍摄人像具有掩饰脸部的效果，特别是老年人可以降低皱纹对画面的影响，掩饰脸部皱纹、斑疮，对人物起美化作用。

图2–1　顺光人像

图2–2　顺光产品拍摄

很多摄影师在拍摄照片的时候特别喜欢将主体放在顺光的环境下，被拍摄物体没有什么阴影部分且具有高亮度。顺光最具特征的地方在于均匀地照亮被拍摄物体，与观众心目中的景物、色彩可以保持高度的一致。但对于拍摄物体的质感、轮廓则不适合使用顺光，例如使用顺光去拍摄浮雕或者是粗糙表面的物体，就不能体现其质感，如图2-3所示。而在非顺光的情况下去表现表面粗糙的质感，则可获得更好的效果，如图2-4所示。

图2-3　顺光下的浮雕

图2-4　非顺光下的浮雕

2.1.2　侧光拍摄

侧光拍摄指的是光线从被拍摄物体的侧方照射而来，适合表现物体表面的起伏，可以呈现出丰富的阴影效果。一幅画面中，同时拥有比较丰富的受光面及背光面，既可以勾勒出物体清晰的轮廓又能够体现出立体感。侧光具有很强的表现力、塑造力，是摄影用光最常用的手法。摄影师运用侧光时要注意受光面与背光面的比例，通常斜射光的角度最容易掌握，俗称45度光线，符合观众在日常生活中的视觉习惯，如图2-5所示。

图2-5　侧光拍摄

侧光通常分为侧顺光及侧逆光两种。

① 侧顺光又称为斜侧光，光线的投射方向与照相机的镜头呈45度角时的摄影照明效果，艺术摄影创作中经常用来塑造物体的形体。这种光线下物体产生丰富的明暗变化效果，很好地表现出物体的立体感、表面质感及轮廓，如图2-6所示。

② 侧逆光也叫作后侧光，光线的方向与照相机的拍摄方向呈135度时的效果，可以将景物大部分安排到阴影中，受光面一侧往往有一条比较亮的轮廓，可以很好地表现景物的轮廓，充分体现出其立体感。拍摄风景摄影作品时可以表现空气中非常大气的透视效果，如图2-7所示。

侧光环境下拍摄风光摄影，可以获得漂亮的视觉效果。例如拍摄朝晖下的乡村或是傍晚的长城，可以将房屋的轮廓、城墙的表面都细致地刻画出来，显示出历史感。

图2-6　侧顺光

图2-7　侧逆光

2.1.3　逆光拍摄

逆光指的是光线从被摄物体的后面照射而来。逆光拍摄容易产生剪影效果，对曝光度的把握比较困难。对于摄影初学者是比较难掌握的一种用光方式，但处理恰当可以产生独特的形式美感，如图2-8、图2-9所示。

图2-8　逆光拍摄（一）

图2-9　逆光拍摄（二）

在逆光环境下拍摄，由于前景与背景的光线比例很大，容易造成前景曝光不足或背景曝光过度，如图2-10所示，主体人物漆黑而没有层次。遇到逆光的情况，可以采用“曝光补偿”的方法，主要是使用闪光灯来达到照亮主体，避免缺少层次的画面，如图2-11所示为闪光灯补光效果。

图2-10　无补光拍摄

图2-11　闪光灯补光效果

2.1.4 学会使用现场光

现场包括很多，不仅仅是户外的阳光，还包括家用的灯光、篝火光、霓虹灯等。总之是指环境中本身拥有的光线而非人工专门添加的闪光灯类人造光源。学习使用环境光，可以获得真实自然的效果。

① 使画面更加真实自然：现场光下拍摄的照片可以传递出一种非常真实的感觉，虽然不如人工照明拍摄的照片完美，但可以给观众一种身临其境的感觉，如图2-12所示的照片借助珠江边路灯的光线，在不使用闪光灯的情况下拍摄出的效果更加真实自然。

② 现场光使摄影师更加方便自由：摄影师不必携带及调试复杂的灯光设备就可以快速地进行拍摄工作，可以自由变换拍摄角度，如图2-13所示。

③ 摄影对象更加轻松自然：如果在摄影灯光器材下，就算是专业模特也会显得有些呆板。但是在自然环境下，被摄者就会显得自然放松多了。摄影师可以更加专心地寻找合适的位置及角度去表现自然流露的画面，如图2-14所示。

图2-12　现场光（一）

图2-13　现场光（二）

图2-14　现场光（三）

2.2 其它光线方向

2.2.1 顶光与脚光

① 顶光也称高光，一般是指夏季中午时分太阳自上而下直射地面时的光线。这种光线特别强烈，投影很小或者完全没有，这时候静物前后虚实感不明显，又缺少色彩冷暖度和亮度上的对比，因而拍摄的景物缺少立体感和空间感，显得平淡，深度不够。顶光拍摄人物

时，会使被摄者眼窝较深，前额发亮，眼部和鼻部下方有浓重的阴影，影响人物的刻画，同时皮肤的缺陷也较清晰地表现出来；对初学者来说是不太容易掌握的。如图2-15为顶光人物拍摄。

② 脚光是指从被摄体下方垂直向上照射的光线，在拍摄中脚光的运用较少。使用脚光照明时，被摄体下明上暗，常常用于拍摄透明的玻璃制品，突出玻璃制品的透明感。在拍摄人物时极少使用，因为脚光照射的人物面部会给人一种异常恐怖感觉，如图2-16为脚光静物拍摄。

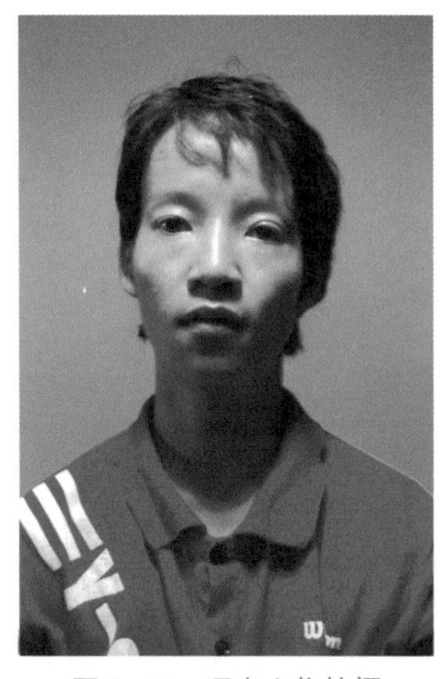

图2-15　顶光人物拍摄

图2-16　脚光静物拍摄

2.2.2　直射光与散射光

① 直射光是指光线直接照射在物体上，如闪光灯、太阳光等。特点是光线来自一个明显的方向，光线较硬，造成的明暗反差强烈，产生的阴影较浓重。拍摄时可以通过明亮的部分来再现景物的细节，而通过暗部来渲染画面的环境气氛，有时直射光产生的高光部分还可以是画面的"点睛之笔"，成为画面的视觉中心。但直射光的缺点是不利于表现景物的色彩，因为强光容易破坏景物色彩的饱和度。直射光的高亮部和暗部都容易使照片的细节丢失，拍摄时要加以注意，如图2-17为拍摄效果较好的照片效果。

图2-17　用直射光的拍摄效果

② 散射光的特点是来自若干个不同的方向，如经云层、浓雾、雪地、沙滩反射后的太阳光，经过反光板反射的闪光灯光等。散射光较弱，能够产生较为柔和的阴影，成像细腻、画面反差较小，适合表现物体的形状和色彩。在散射光条件下，只要选择平均测光模式就可以得到理想的拍摄效果。在室内拍摄人物时，通常都选用散射光，这样不但可以避免强光对人眼的干扰，而且更有利于表现人物的表情和肤色，如图2-18为拍摄效果较好的照片效果。

图2-18　用散射光的拍摄效果

2.3 如何在自然光下拍摄

2.3.1 用反光板柔化阴影

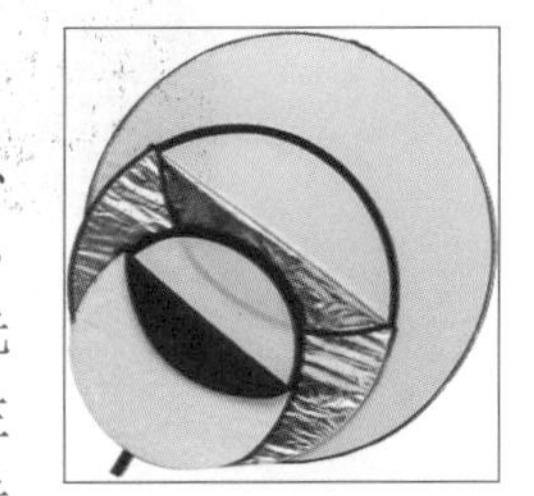

图 2-19　反光板

反光板起辅助照明作用，有时候也作为主光用。反光板用镜面铝、纳米膜、白布等材料制成。不同的反光表面可产生软、硬不同的光线，特别是提供日光灯、频闪灯等主光源使用时，轻便而且效果明显。反光板是拍摄人像时必备的配件，它除了可以把背面或侧面的光源反射到主体的暗部外，还能用于控制“反差”，以及营造照片的气氛。白色的反光板能为暗位补光，还可以较好的保留原有的色温且效果柔和。如图2-19所示为反光板，图2-20所示为没有使用反光板效果，图2-21所示为使用反光板效果。

图 2-20　无反光板拍摄

图 2-21　有反光板拍摄

2.3.2 用柔光镜柔化阴影

图2-22 柔光镜

柔光镜分为全柔型和中空两种，其中后者的效果是画面的中间部分比较清晰，四周柔和，主要通过强调眼睛部位的清晰效果，形成对比丰富的画面造型语言。如图2-22所示为柔光镜。

柔光镜在拍摄中应用比较广泛，它的特点是在降低被摄对象的总体清晰度时，并不影响画面的色彩和反差。在拍摄人物，使用柔光可以产生朦胧的效果，使影调变得柔和悦目，消除人脸上的一些皱纹、雀斑等缺陷，还能使轮廓光产生迷人的光晕。如图2-23所示为没有使用柔光镜效果；图2-24所示为使用柔光镜效果。

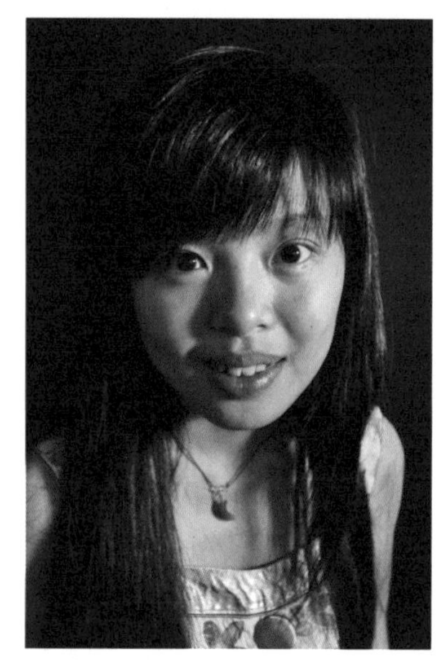
图2-23 无柔光镜拍摄

图2-24 柔光镜拍摄

3 数码摄影构图

3.1 数码摄影构图基本原则

3.1.1 认识摄影构图

① 摄影构图就是运用相机镜头的成像特性和各种摄影造型手段，来获得理想的画面形式，达到主体思想的最佳表达。从广义上讲，拍摄题材的选择、主题的确定、造型手段都属于摄影构图，但从狭义上讲，摄影构图是将点线面和光线、阴影、色彩有机结合，来实现画面的整体效果。

② 摄影构图与绘画构图相比，绘画构图时如何在一张空白的画面上布置各种元素，而摄影构图的对象往往是已经存在、不可改变的，只能是如何用镜头去加以选择。从某种层面上讲，摄影的艺术就是构图的艺术！

3.1.2 突出主题

一幅摄影作品的画面大体可以分为四个部分：主体、陪体、环境和留白。主体是摄影者用以表达主题思想的主要部分，是画面结构的中心，也是画面的趣味点所在，应占据显著位置。它可以是一个对象，也可以是一组对象。

一般来说，突出主体的方法有两种：一种是直接突出主体，让被摄主体充满画面，使其处于突出的位置上，再配合适当的光线和拍摄手法，使之更为引人注目；另一种是间接表现主体，就是通过对环境的渲染，烘托主体，这时的主体不一定要占据画面的大部分面积，但会占据比较显要的位置。

重点突出主体的常用方法有以下八种。

① 以特写的方式来表现、突出主体，如图3-1所示。

② 将主体配置在前景中，这样不仅能够突出主体，还能为画面摄取更多元素，如图3-2所示。

③ 利用在影调或者色调上与主体有鲜明对比来衬托主体，如图3-3所示。

图3-1　特写

图3-2　突出主体

④ 利用明亮的光线来强调主体，如图3-4所示。

图3-3　影调

图3-4　明亮光线

⑤ 虚化背景，进一步突出主体，如图3-5所示。

⑥ 利用汇聚线等具有指向性意义的客体来向主体汇聚，起到一定的视觉指向性，如图3-6所示。

图3-5　虚化背景

图3-6　利用汇聚线

⑦ 把主体设置在画面中心或者稍稍偏左或偏右的位置，如图3-7所示。

⑧ 利用一定的拍摄角度来突出表现主体，如图3-8所示。

图3-7　主体偏左

图3-8　仰视角度

3.1.3 简洁画面

一张主题明确、背景简洁的照片往往比一张背景杂乱的照片更具吸引力。所以在拍摄之前，应该确认主体最吸引人的地方在哪里，然后再考虑应该把周围背景中的哪些要素纳入画面中，哪些背景会损害主体趣味中心的表达。当考虑了这些因素后，就可以改变视点和取景的方法，当杂乱无关的背景实在无法避开时，可以利用较小的景深将其虚化如图3-9所示。当然，如果是纪实摄影，背景有利于交代主题的时间和地点等相关信息，还是应当保留的。如图3-10所示。

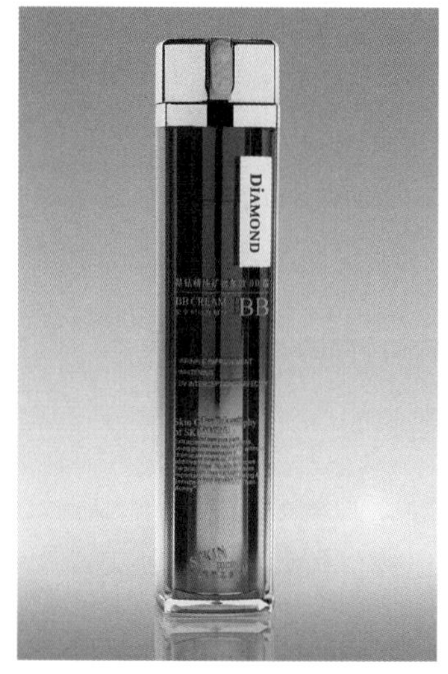

图3–9　背景虚化

图3–10　交代场景

3.1.4 空白：创造画面意境

① 摄影画面上除了看得见的实体对象之外，还有一些空白部分，通常是由单一色调的背景所组成的，形成实体对象之间的空隙。单一色调的背景可以是天空、水面、草原、土地或者其它景物，由于各种摄影手段的运用，这些景物已经失去了原来的实体形象，而在画面上形成单一的色调来衬托其它的实体对象，如图3-11所示。

图3–11　留白（一）

② 适当地为画面留白，可以简化画面元素，使画面更简洁。在拍摄人像照片时，如果在主体人物的视线前方适当留白，还可以为画面创造更深的意境效果，使人物处于回忆、思考的状态之中，如图3-12所示。

图3-12　留白（二）

3.2 构图与灵感

3.2.1 黄金分割法——三分法和九宫格构图

黄金分割规律是公元前6世纪古希腊数学家毕达哥拉斯发现的，即画面中主体两侧的长度对比为1:0.618，经绘画等其他艺术形式实践证明，按这个比例安排的作品的确更具审美价值。在摄影中，当把拍摄主体安排在黄金分割点位置的时候，也同样能获得更愉悦、更和谐的视觉效果。

① 三分法构图：三分法构图有横向三分法和纵向三分法之分。它是指把画面分为三等分，每一分中心都可放置主题形态，适宜表现多形态平行焦点的主体。它不仅可以表现大空间小对象，还可以表现小空间大对象。三分法构图，构图简练，并且能够鲜明地表现主题，是摄影者经常用到的构图法则之一。例如，在拍摄带有地平线的风光作品，为了避免地平线处于画面中间而造成整幅画面的呆板，摄影者应考虑把地平线放在画面的三分之一处，如图3-13所示。在拍摄人像时，摄影者也要避免把人物安排在画面中间，应尽可能地将人物放在画面的三分线上，这样视觉感会更加强烈，如图3-14所示。

② 九宫格构图：九宫格构图也称为井字构图，实际上也属于黄金分割的一种形式。九宫格构图是把画面平均分为九块，在中央的四个角的任意一点的位置上安排主体位置。实际上这几个点都符合“黄金分割定律”，使画面处于最佳的位置。九宫格构图能使画面呈现变化与动感，并且更加富有活力。当然这四个点也有不同的视觉感应，上方两点的动感比下方的强，左面的比右面的强。但重点要注意的是视觉平衡问题，如图3-15所示。

图3-13　三分法构图（一）

图3-14　　三分法构图（二）

图3-15　九宫格构图

3.2.2 三角形构图

三角形是一个均衡、稳定的形态结构，摄影者可以把这种结构运用到摄影构图中来。

三角形构图分为正三角形构图、倒三角形构图、不规则三角形构图，以及多个三角形构图。

① 正三角形构图能够营造出画面整体的安定感，给人力量强大、无法撼动的印象，如图3-16、图3-17所示。

图3-16 正三角形构图（一）

图3-17 正三角形构图（二）

② 不规则三角形构图则能给人一种灵活和跃动感，如图3-18、图3-19所示。

图3-18 不规则三角形构图（一）

图3-19 不规则三角形构图（二）

③ 多个三角形构图则能表现出热闹的动感，如图3-20、图3-21所示。

图3-20　多个三角形构图（一）

图3-21　多个三角形构图（二）

3.2.3　水平线和垂直线构图

① 在拍摄海平面、地平面、日出、日落等景象时，常常会借助场景中的水平线进行构图，展示一望无际、广阔平坦的风景特征。水平线构图在摄影的各种构图方式中是最为常用的一种。水平线构图具有平静、安宁、开阔的视觉特征，如图3-22、图3-23所示。

图3-22　水平线构图（一）

图3-23　水平线构图（二）

② 垂直线构图常用来拍摄建筑或大自然中本身具有垂直线条的景物，如参天大树、挺立山峰等。垂直线构图的特征是画面严肃、宁静，常常利用垂直的线条为画面增添纵向的延伸感，突出被摄体的高大、挺立。在拍摄具有垂直线特征的被摄物时，应尝试在画面中纳入多条垂直线，这样可以使画面更加具有韵律感和节奏感，如图3-24、图3-25所示。

图3-24　垂直线构图（一）

图3-25　垂直线构图（二）

3.2.4 对角线构图

对角线构图是非常著名的构图表现方法。对角线构图在画面中，线所形成的对角关系有两种，一种是直观意义上二维画面的对角效果。另一种是能使画面产生极强的动式，并且表现画面一定纵深感的三维效果，其线性透视会使拍摄对象变成斜线，引导人们的视线到画面的深处。同时对角线构图还可以为画面带来动感，使原本单调的画面更添生趣。可用于拍摄风景、人物、花草等多类题材的照片，如图3-26、图3-27所示。

图3-26　对角线构图（一）

图3-27　对角线构图（二）

3.2.5 对称构图

对称构图是一种传统的构图方式，就是在构图时安排的画面元素是上下对称或者左右对称的。这种构图方式可以给人一种整齐、庄重、平衡、稳定的感觉，非常适合拍摄建筑，可以烘托建筑物的恢宏气势。但对称构图有时又显得缺乏活力，略显呆板，不适合表现优美的画面，所以又有不少摄影师在构图时刻意避免对称。如图3-28是借助镜子来构成对称效果的照片，产生对称感觉的同时，又要避免绝对对称，才能避免呆板的感觉。

图3-28　对称构图

3.2.6 曲线构图

曲线构图包括规则曲线构图和不规则曲线构图。曲线构图时对象在画面中呈现明显的曲线结构，最典型的就是S形构图。曲线构图使画面主体呈现弯曲状，富于变化、形式活泼、显得十分优美、舒缓，在视觉效果上比直线更具动感，能引导观众的视线随着曲线的不断蜿蜒而转移，给人一种非常美的感觉，如图3-29、图3-30所示。

图3–29　曲线构图（一）

图3–30　曲线构图（二）

4 Photoshop数码照片常规处理技术

4.1 生活拍摄技巧

凡是以生活为题材的摄影活动，即为生活摄影。生活摄影作品，除了是日常生活的真实记录外，还要有一定的艺术欣赏价值。

生活摄影的一般要求如下。

① 生活摄影是表现真实生活。生活虽然真实，但客观中存在好坏混杂，美丑并存的现状，所以生活摄影最主要的就是有积极、健康的题材。

② 要有浓烈的生活气息，和其它摄影创作有所不同。没有生活气息的作品，形象呆板。因此一定要学会拍真实镜头，切忌造作和弄虚作假。

③ 拍摄家庭生活照片，也要善于选择镜头。拍摄时要注意人物情绪，不要摆布，不要违背生活的真实。

拍摄要点：一是要下功夫提炼主题，使环境气氛与主题吻合；二是要场面情景逼真；三是要画面活泼，生活气息浓；四是尽量利用现场光源，适当加以补光；五是光圈、速度要灵活掌握。

4.2 数码照片管理

当摄影师从业的时间越来越长，电脑中存放的摄影作品也会越来越多，此时合理管理照片就显得非常重要了。

4.2.1 导入数码照片

① 启动Photoshop CS5，执行菜单“文件”/“打开”，如图4-1所示。

② 在“打开”对话框中选择文件路径，然后点击“打开”按钮即可，如图4-2所示。

Ps 文件(F) 编辑(E) 图像(I) 图层(L) 选择(S)
新建(N)... Ctrl+N
打开(O)... Ctrl+O
在 Bridge 中浏览(B)... Alt+Ctrl+O
打开为... Alt+Shift+Ctrl+O
打开为智能对象...
最近打开文件(T)
共享我的屏幕...
Device Central...
关闭(C) Ctrl+W
关闭全部 Alt+Ctrl+W
关闭并转到 Bridge... Shift+Ctrl+W
存储(S) Ctrl+S
存储为(A)... Shift+Ctrl+S

图4-1 “打开”对话框

图4-2 打开效果

1 关于数码摄影与Photoshop后期处理
2 数码摄影用光
3 数码摄影构图
4 Photoshop数码照片常规处理技术
5 妙手回春——缺陷数码照片处理技术
6 完美修饰——人像篇
7 完美修饰——静物篇
8 完美修饰——风光篇
9 完美修饰——艺术风格篇
10 数码照片存储与输出

4.2.2 照片分类管理

随着拍摄照片数量的增多，有必要对数码照片进行有效的管理，通常使用ACDSee浏览器和Adobe Bridge软件对数码照片进行管理，下面对数码照片的分类管理进行详细的介绍。ACDSee除了具有查看功能外，还能对大量图片进行分类。

① 首先打开一个需要进行分类的文件夹，如图4-3所示；然后右键单击任意照片，选择执行“打开方式”右键菜单命令，如图4-4所示。

图4-3 分类文件夹

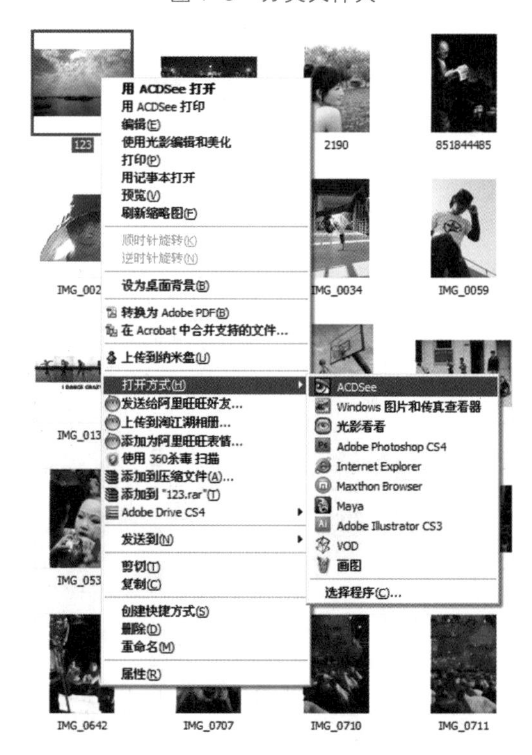

图4-4 用ACDSee打开

② 单击ACDSee后，打开照片效果如图4-5所示，直接双击所打开的照片，显示当前所选照片所在文件夹中的所有图像，如图4-6所示。

图4-5　打开效果

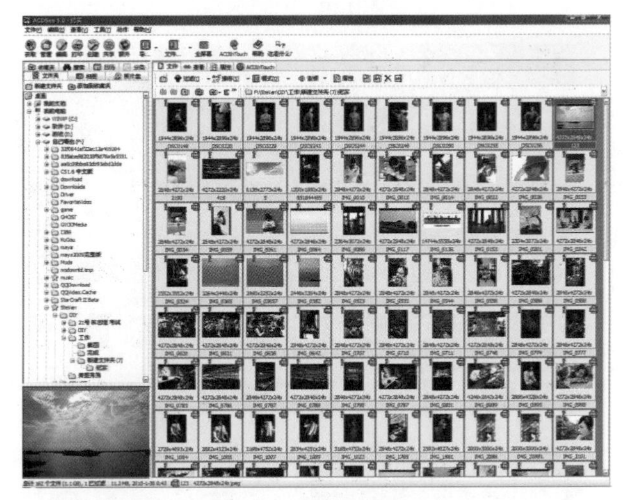

图4-6　进入管理

③ 在ACDSee界面左上侧单击“分类”按钮，打开分类列表如图4-7所示，单击分类上侧的“创建”按钮，即可创建新的分类，将该分类名称设置为“人物”，如图4-8所示。

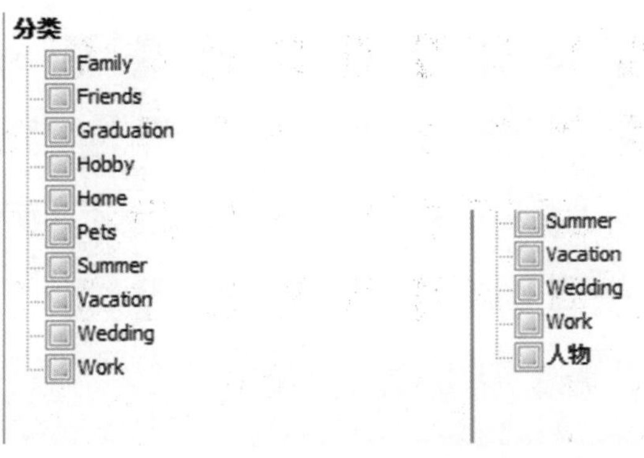

图4-7　分类　　　　图4-8　创建分类

④ 在ACDSee界面中执行“模式”/“缩略图大小”/“100%”菜单命令，将缩略图放大到100%，效果如图4-9所示，按住Ctrl键的同时在缩略图单击人物类的数码照片，将其全部选中，如图4-10所示。

图4-9　分类效果

图4-10　分类移动

⑤ 拖动人物照片到“分类”中的“人物”中，释放左键后，被选择的“人物”照片被添加到人物分类中，效果如图4-11所示。

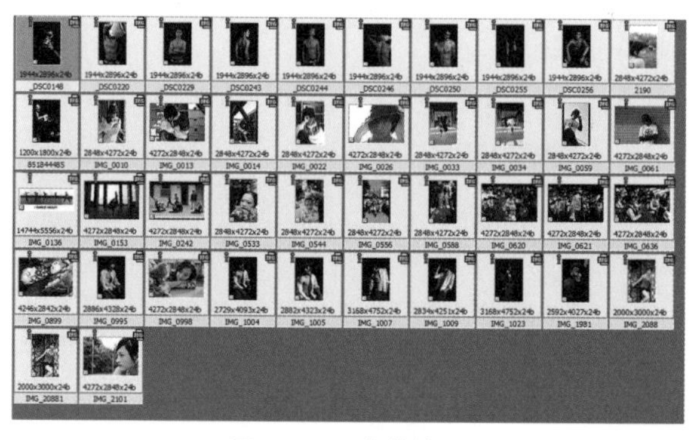

图4-11　分类管理

4.2.3 查看数码照片属性

当想查看照片的属性或者照片的原始数据时，便要使用到ACDSee的查看照片属性功能。

① 首先在文件夹内选择想要查看属性的照片，右键选择“打开方式”/“ACDSee”如图4-12所示。

② 在ACDSee上打开图像，操作如图4-13所示，在图像中单击右键，选择“属性”，操作如图4-14所示。打开属性细节，如图4-15所示。

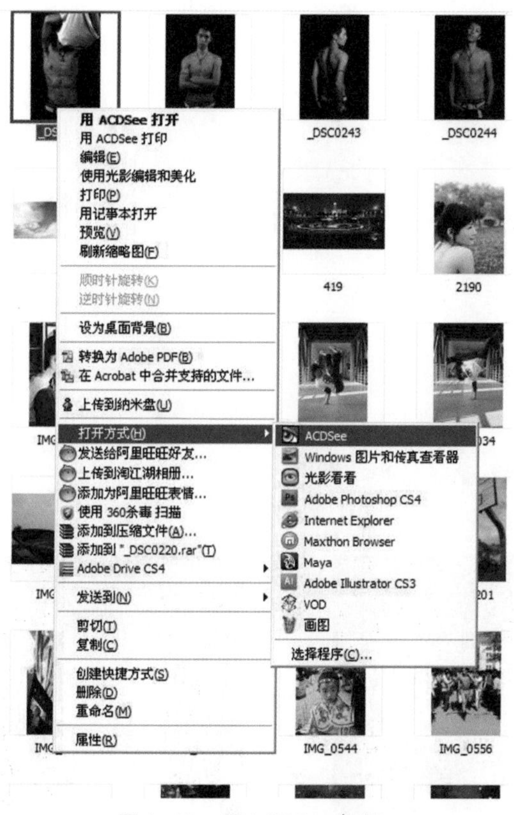

图4-12 用ACDSee打开

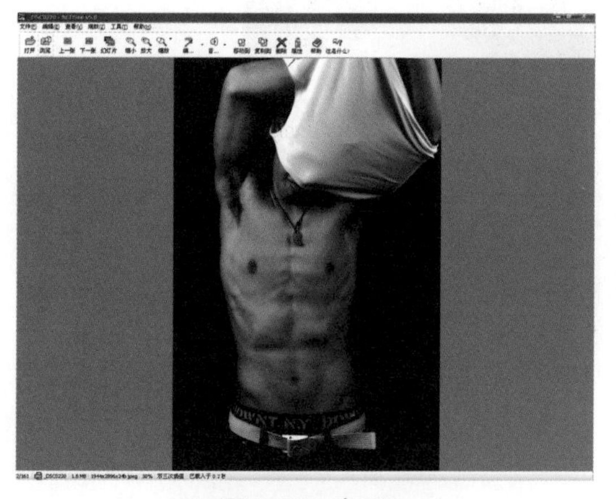

图4-13 打开

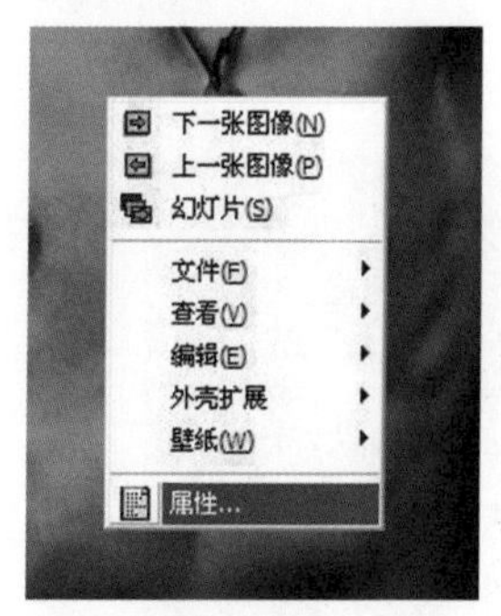

图4-14 属性菜单

图4-15 查看属性

4.3 实例应用：数码照片的裁切

图4-16　打开素材图片

4.3.1　按规定尺寸裁切

本实例使用“裁剪工具”在选项栏中设置2英寸照片的具体宽度和高度，将一张半身照片裁剪成为标准证件照片，具体步骤如下。

① 打开素材照片，如图4-16所示。

② 选择工具箱中的“裁剪工具”，在选项中设置裁剪框的“宽度”为3.5厘米，“高度”为5.3厘米，设置裁剪后的图像“分辨率”为300像素/英寸，如图4-17所示，在照片中单击拖动创建裁剪框，如图4-18所示。

③ 将裁剪框的大小设置为人物证件照的拍摄位置即可，设置裁剪框位置和大小，如图4-19所示。

④ 在选项栏的右侧单击“提交当前裁剪操作”按钮，即可对图像进行裁剪，制作标准的2英寸证件照效果，如图4-20所示，完成本实例的制作。

宽度: 3.5厘米　⇄　高度: 5.3厘米　分辨率: 300　像素/英寸

图4-17　设置参数

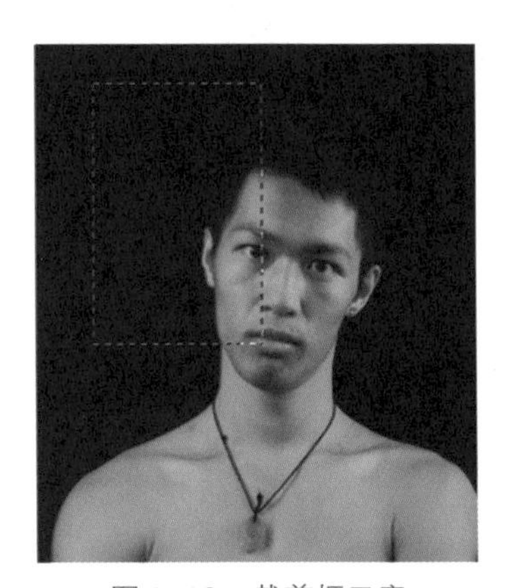

图4-18　裁剪框示意

图4-19　移动裁剪框

图4-20　效果

图像(I)　图层(L)　选择(S)　滤镜(T)　分析(A)　3D(D)
模式(M)
调整(A)
自动色调(N)　Shift+Ctrl+L
自动对比度(U)　Alt+Shift+Ctrl+L
自动颜色(O)　Shift+Ctrl+B
图像大小(I)...　Alt+Ctrl+I
画布大小(S)...　Alt+Ctrl+C
图像旋转(G)　180 度(1)　90 度(顺时针)(9)　90 度(逆时针)(0)　任意角度(A)...
裁剪(P)
裁切(R)...
显示全部(V)
复制(D)...　水平翻转画布(H)
应用图像(Y)...　垂直翻转画布(V)

图4-21　旋转菜单

4.3.2　翻转与旋转照片

使用“图像旋转”命令可以旋转或翻转整个图像，使用此命令是对整个画布中的所有图像都进行操作，并不适合用于单个图层或图层的部分图像的旋转，在“图像”/“图像旋转”的级联菜单中，可以执行多种角度的旋转命令，如图4-21所示。

① 180度：原图和旋转180度的图像效果，如图4-22、图4-23所示。

图4-22　原图

图4-23　旋转180度

② 90度（顺时针）和90度（逆时针）：可以分别对图像进行顺时针四分之一圈和逆时针四分之一圈的旋转，打开一张素材照片，如4-24所示。

分别对素材照片进行旋转90度（顺时针）和旋转90度（逆时针）效果如图4-25、图4-26所示。

图4-24　原图

图4-25　旋转90度（顺时针）

图4-26　旋转90度（逆时针）

③ 水平翻转画布：沿垂直轴水平翻转图像，打开一张素材照片，如图4-27所示，执行“水平翻转画布”菜单命令后的图像效果，如图4-28所示。

图4–27 原图

图4–28 水平翻转画布

④ 垂直翻转画布：沿水平轴垂直翻转图像，打开一张素材照片，如图4-29所示，执行“垂直翻转画布”菜单命令，图像效果如图4-30所示。

图4–29 原图

图4–30 垂直翻转画布

4.3.3 数码照片的无损缩放

“缩放工具”可以用于对图像进行放大和缩小的显示，直接在工具箱中单击“缩放工具”按钮，如图4-31所示，或是按Z键，即可将“缩放工具”选中，如图4-32所示。

(1) 放大 用于对图像进行放大显示。打开一张素材照片，如图4-33所示，选择“缩放工具”后在图像中直接单击，放大后效果，如图4-34所示。超出图像窗口的图像可以通过拖曳右侧和下侧的滚动条进行查看。当图像中不断单击对图像进行放大时，放大到一定程度的图像将以像素块的形式进行显示，放大后的图像效果如图4-35所示。放大图像的最大比例为

图4–31 缩放工具

调整窗口大小以满屏显示 缩放所有窗口

图4–32 工具选项

3200%。使用“缩放工具”还能够通过创建矩形区域的方式对局部图像进行放大显示，如图4-36所示。为对人物的眼睛绘制矩形放大区域，释放鼠标即可在图像中进行放大查看，如图4-37所示。

图4-33 原图

图4-34 放大

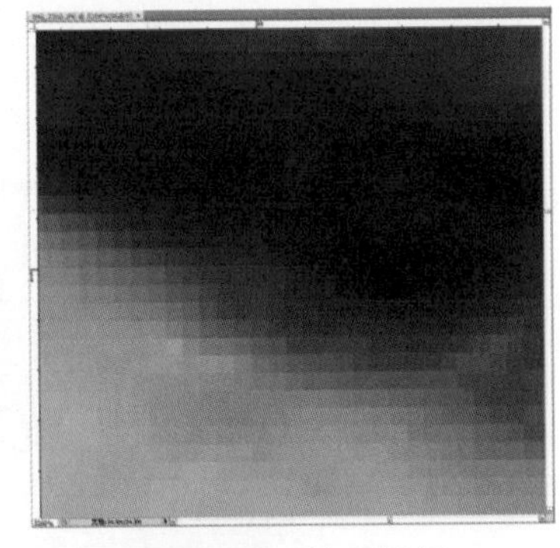

图4-35 放大局部

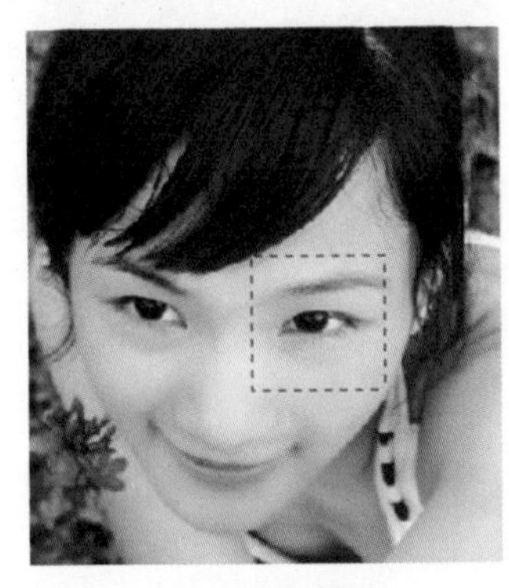

图4-36 框选

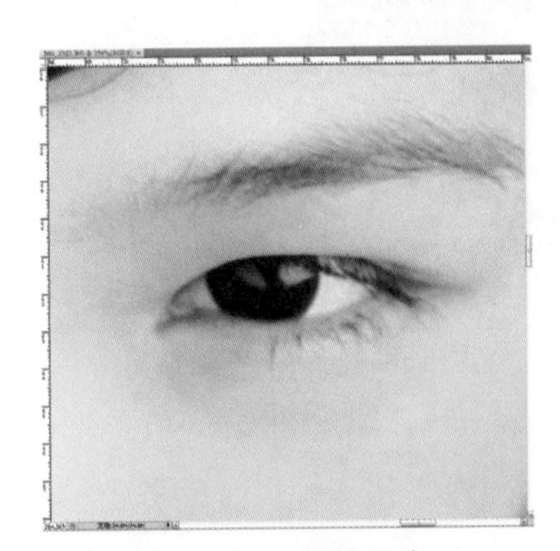

图4-37 框选放大

（2）缩小 用于对图像进行缩小显示。直接单击图像窗口即可对图像进行缩小显示，如图4-38所示。单击一次可以将图像进行一定程度的缩小，最小可以缩小的比例为0.22%。

图4-38 缩小

（3）调整窗口大小以满屏显示 当图像窗口处于浮动状态，勾选此复选框，在图像中进行放大或缩小显示时，图像窗口的大小将随图像大小变换，如图4-39所示为设置图像以16.67%缩放比例显示的效果。使用“缩放工具”对图像进行放大显示后，调整图像的缩放比例为50%时，图像窗口将跟随放大的图像进行变换，变换后的图像窗口大小，如图4-40所示。

图4-39 缩放后效果

图4-40 视窗缩小

（4）缩放所有窗口 当有多个图像同时打开时，勾选此复选框可以设置对某一图像进行缩放变换时其它图像也相应地进行缩放变换。打开两张素材照片，并在快速启动栏中设置两幅图像以水平模式排列，选择“缩放工具”为“放大”选项并勾选“缩放所有窗口”复选框，单击其中一张素材照片，将选中的图像窗口进行放大显示，在另一个图像窗口中的图像同样放大，效果如图4-41所示。

图4-41 缩放所有窗口

5

妙手回春——缺陷数码照片处理技术

5.1 常见缺陷数码照片分析

数码照片常因为对曝光、色彩或抖动等原因产生令人不满意的效果，而发现这些问题时往往又已经错过了最佳时间。Photoshop为用户提供了绝佳的后期修复功能，针对Photoshop强大的功能，用户有必要对缺陷的数码照片进行分析，然后再选择修复的技巧与方法。

（1）曝光问题

曝光过度：在强烈的阳光下或者有大片反光区域处，拍摄出来的照片很容易曝光过度，也就是照片亮度过高，缺乏亮部细节，整体缺少暗色调。曝光不足：在阴暗的天气或者在室内拍摄出来的照片很容易曝光不足，也就是照片亮度不足，缺乏暗部细节，整体缺少亮色调。缺乏对比度，有时候，由于雾气等原因造成空气能见度不高，在这种条件下拍摄的照片会缺乏对比度，显得不够透亮。曝光问题可以选择Photoshop的色阶、色相功能，即可得到轻松解决。

（2）色偏

无论是卡片相机还是单反相机，如果没调校好白平衡都会拍摄出颜色偏差大的照片。其实很多时候归根究底是用户没用利用好相机里的白平衡，自动白平衡能够在大部分情形下拍摄出颜色正确的照片，特别是在室外光线均匀情况下。但是在室内拍摄时人物的肤色、背景颜色，灯光的变动等有色光线环境下，自动白平衡往往失去原来的作用了，因此需要考虑到利用手动白平衡和选择灯光环境下的白平衡设置。针对色偏的照片，用户可以选择Photoshop色相与饱和度功能进行修复。

（3）画面模糊

画面模糊往往是由于对焦不准产生的，一般来说，初学摄影的朋友都习惯取景构图后就以默认的对焦点进行拍摄，结果发现本来应该清晰的地方却模糊了。要解决这个问题可以采用先对焦后构图的方式来拍摄。这种方法是将有效的对焦点移到画面中最需要表现清晰的地方进行对焦，如拍人的时候可以将有效的对焦点移到眼睛的部位对焦。这样一直保持半按快门按钮不放便可以“锁定”焦点，在与镜头保持同一垂直平面的范围内稍做移动来重新构图，最后全按快门完成拍摄。另外在半按快门进行对焦时要等到确认对焦成功后再完成拍摄，切忌猛按快门。一般在光线亮度不高的环境中，在确保能够获得正常亮度影像的前提下，建议用户尽可能使用大光圈或者适当提高感光度，这样有利于获得较快的快门速度，从而可以提高影像的清晰度。对于不具备手动设置光圈、快门速度的数码相机，可以使用场景模式中的运动模式进行拍摄，也能达到同样的效果。

（4）红眼

很多初学者认为红眼是照相机的质量与品牌来决定的，其实是由于人的眼睛特点而形成的。与相机的光圈一样，人的瞳孔能调节大小，并且是自动调节大小。当人处在光线较暗处时，为看清东西瞳孔就会自动放大。由于视网膜上的血管丰富，夜晚，用闪光灯拍照时，瞬间的强光令瞳孔来不及收缩，反而会放大以便让更多的光线通过，光线便透过瞳孔投射到视网膜上，视网膜的血管就会在照片上产生泛红现象，人的眼珠便呈现出一片红色，即人们常说的“红眼”。Photoshop专门为修复红眼提供了一个工具叫红眼工具。

5.2 实例应用：校正倾斜照片

5.2.1 缺陷分析

日常生活留影中，特别是旅游的时候路过某些景点，往往会在人流量大、拥挤或者种种客观因素的影响下拍照。后来才发现各种拍摄不是在水平线上进行，即照成了倾斜的照片，本例将讲解如何利用Photoshop的裁剪功能实现倾斜照片的校正。原图如图5-1左图所示，右图为最终效果图，过程图如图5-2所示。

图5–1　校正效果对比

图5–2　过程图

5.2.2 打开并裁剪

① 运行Photoshop CS5软件，执行“文件”/“打开”（快捷键Crtl+O）命令，如图5-3所示。在弹出的“打开”对话框中将素材文件选中并单击“打开”，返回工作区，如图5-4所示。

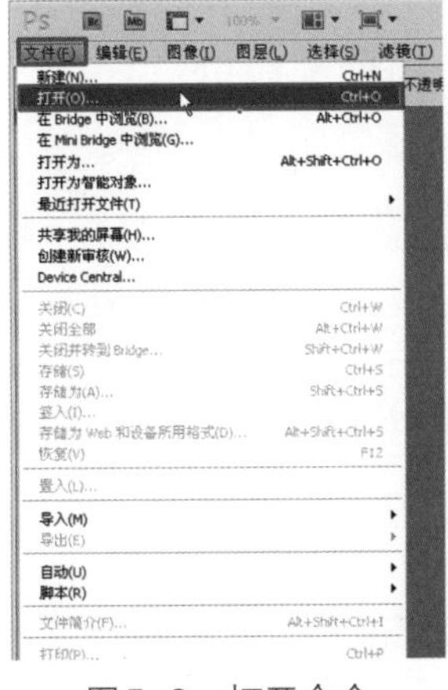

图5–3　打开命令

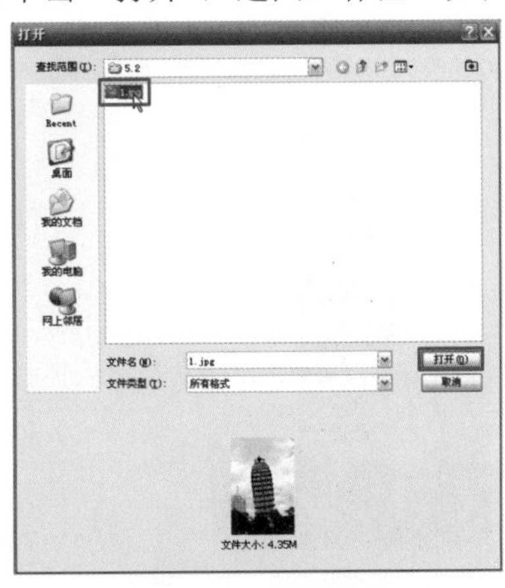

图5–4　打开对话框

② 打开的素材是一张倾斜的塔的风景图，在“图层”面板中单击“背景”图层，如图5-5所示。按下快捷键“Crtl+J”对其进行复制，以便不破坏原有图层。在“图层”面板中单击选中刚刚新建的“图层1”，如图5-6所示。

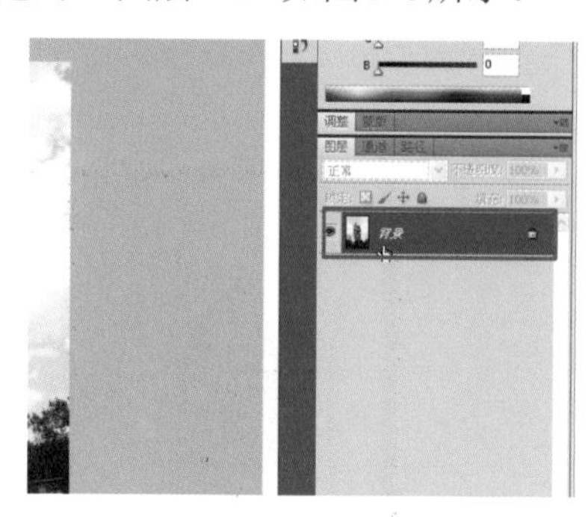

图5-5 图层“背景”

图5-6 复制图层

③ 从工具栏中选择“裁剪工具”，在属性栏中锁定裁剪比例宽度为2厘米，高度为3厘米，如图5-7所示。使用“裁剪工具”在照片上拉出如图5-8区域。将鼠标移出区域外，即可对区域进行旋转，按住鼠标左键进行旋转，至如图5-9所示位置。并双击区域返回工作区，如图5-10所示。

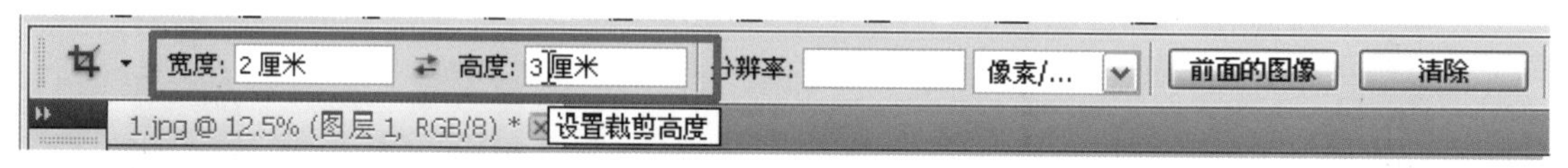

图5-7 参数设置

图5-8 使用“裁剪工具”

图5-9 变换

图5-10 确定后效果图

图5-11 仿制图章工具

5.2.3 修缮画面

① 使用“仿制图章工具”对画面空白处进行修补。从工具栏中选择“仿制图章工具”，按住“Alt”键不放，对画面空白处旁边的区域进行取样，如图5-11所示。

② 在属性栏中设置盖印不透明度为“50%”，在相片空白处，点击鼠标左键进行涂抹填充，如图5-12所示。用户可根据自己的照片情况来反复对原始图片进行取样，再对空白处进行填充。最终效果如图5-13所示。

图5-12　修复

5-13　最终效果图

5.3 实例应用：去除多余景物

5.3.1 Photoshop CS5 新功能之“内容识别”

Adobe Photoshop CS5增加了不少新功能，最简单有用的要数内容识别功能了。它是填充功能的一种，可以轻松去除图片中不需要的东西。以前版本的Photoshop要想去除不需要的部分，一般都是用仿橡皮图章工具。在Adobe Photoshop CS5中，用户可以用填充和污点修复画笔工具很轻松地把不需要的东西去掉。本章节讲解如何运用Photoshop CS5的内容识别填充来去除多余景物。如图5-14左图为原始图片有行人过马路，右图为最终效果图，已经去除了多余的人物，过程图如图5-15所示。

图5-14　素材与效果图

图5-15　过程图

5.3.2 打开图像并建立选区

① 运行Photoshop CS5软件，执行“文件”/“打开”（快捷键Crtl+O）命令，如图5-16所示。在弹出的“打开”对话框中将素材文件选中并单击“打开”，如图5-17所示。返回工作区，如图5-18所示。

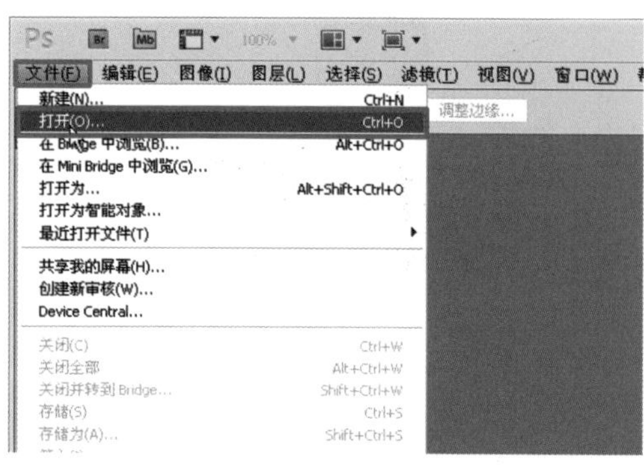

图5-16 打开命令

图5-17 “打开”对话框

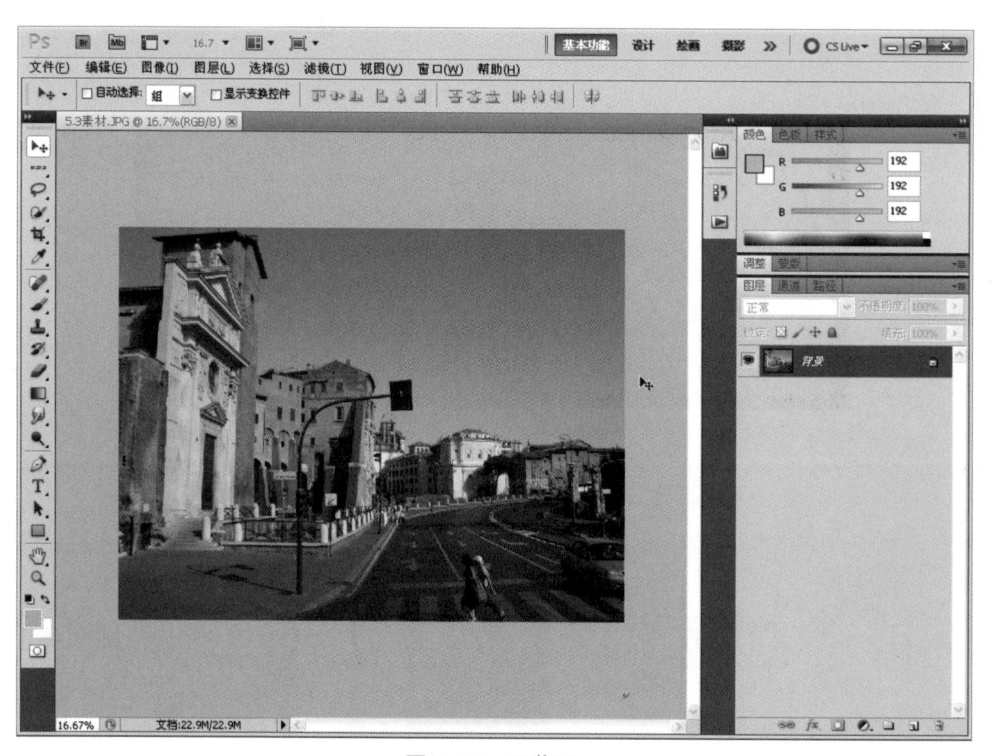

图5-18 工作区

② 可见素材是一张欧式城市的风景图，却发现有行人在过马路。从工具箱中选择“套索工具” 点击鼠标左键并拖动将两个过路人圈选起来，如图5-19所示。

图5-19 选择人物

5.3.3 使用“内容识别”填充及修缮

① 使用“套索工具”建立选区后，执行“编辑”/“填充”（快捷键Shift+F5）命令，如图5-20所示。在弹出的“填充”对话框使用“内容识别”进行填充，如图5-21所示。点击“确定”返回工作区，如图5-22所示。

图5-20 填充命令

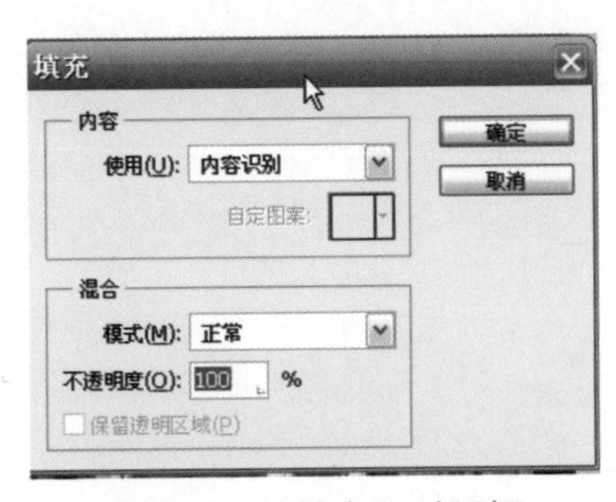

图5-21 “填充”对话框

图5-22 填充效果

② 使用快捷键Crtl+D取消选区，在图层面板中点击选中“背景”图层，然后按下快捷键Crtl+J进行复制，如图5-23所示。从工具箱中选择“仿制图章工具”在“图层1”上对智能填充后的画面进行修缮，如图5-24所示。最后完成效果如图5-25所示。

图5-23　复制图层

图5-24　修复图像

图5-25　效果图

5.4 拓展训练：修复曝光不足照片

5.4.1　什么是曝光不足

指摄影过程中，因对被摄物体亮度估计不足，使感光材料上感受到的光的亮度不足。

曝光不足造成的结果就是被摄主体发暗，缺乏亮度和对比度，还有就是画面质感颗粒粗、噪点大。造成照片曝光不足的原因有几个：①逆光情况下用自动模式拍照；②曝光补偿的设置被设置成减少曝光量了；③没注意取景器里面提示曝光不足的情况下按了快门；④夜间用闪光灯拍照；⑤无论怎么努力都无法改变光线在客观上不足的条件下拍照；⑥采用了点测光却没有将测光点对准主体；⑦在大面积浅色范围内拍照。本章节就讲述如何修复曝光不足的照片，效果图如图5-26所示，过程图如图5-27所示。

图5-26　效果对比

图5-27　过程图

5.4.2　打开照片并复制图层

① 运行Photoshop CS5软件，执行“文件”/“打开”（快捷键Crtl+O）命令，如图5-28所示。在弹出的“打开”对话框中将素材文件选中并单击“打开”，如图5-29所示。返回工作区，如图5-30所示。

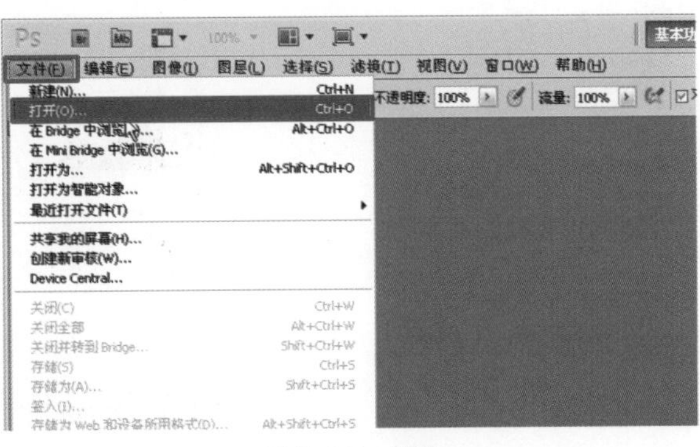

图5-28　打开

② 打开的素材是一张曝光不足的人物照，在“图层”面板中单击选中“背景”图层，如图5-31所示。按下快捷键Crtl+J对其进行复制，以便不破坏原有图层。在“图层”面板中单击选中刚刚新建的“图层1”，如图5-32所示。

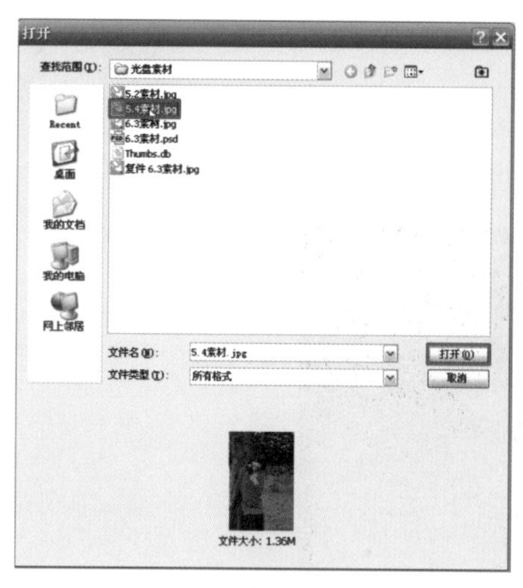

图5-29 “打开”对话框

图5-30 工作区

③ 在图层面板中对“图层1”的图层混合模式改为“柔光”，设置其不透明度为“35%”，如图5-33所示。

图5-31 选择背景层

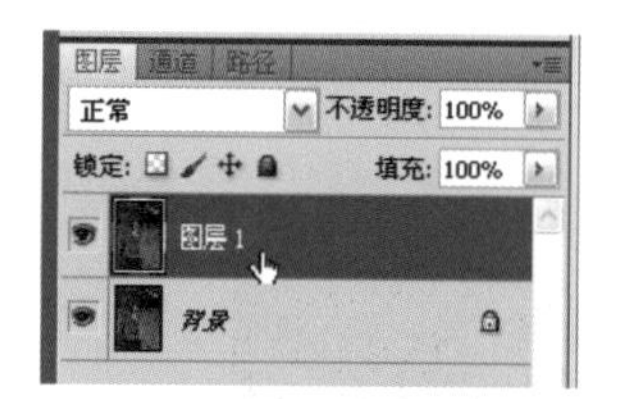

图5-32 复制图层

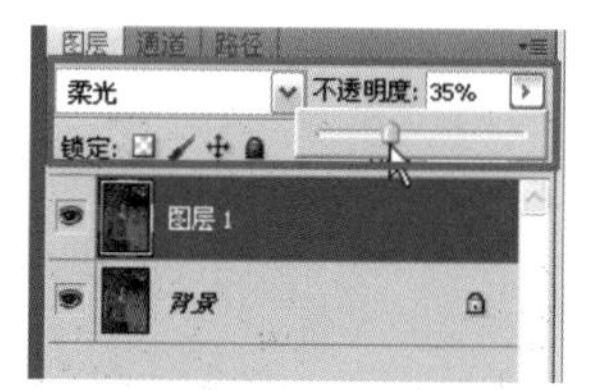

图5-33 设置不透明度

5.4.3 调整色阶及颜色饱和度

① 在图层面板中，选中“创建新的填充或调整图层”按钮，在弹出的菜单中选择“色阶”命令，如图5-34所示。

② 在调整面板中，对色阶进行调整，将色阶右边的小滑块往色阶中间移动，这时能发现整个图像都在变亮修复，如图5-35所示。

③ 继续在图层面板中，选中“创建新的填充或调整图层”按钮，在弹出的菜单中选择“自然饱和度”命令，如图5-36所示。

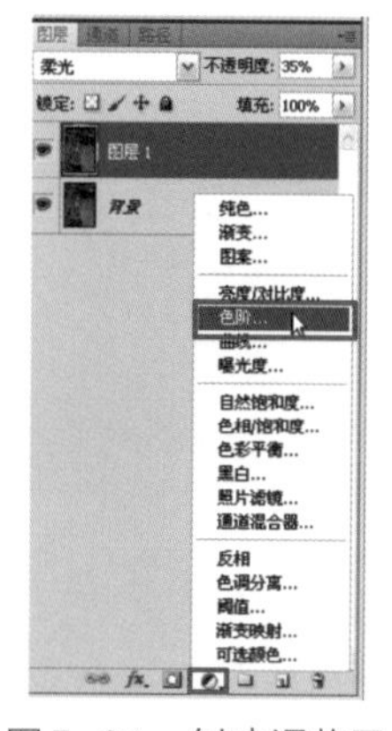

图5-34 创建调整层

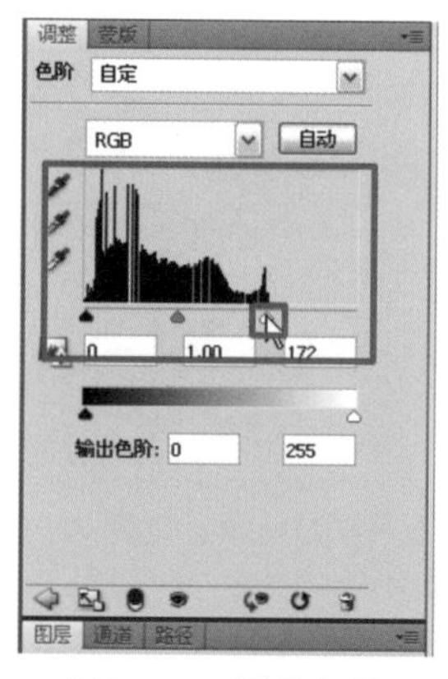

图5-35 调节色阶

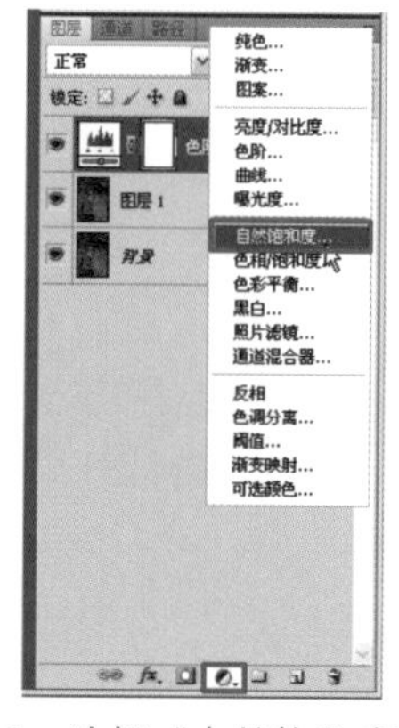

图5-36 选择“自然饱和度”命令

④ 在“自然饱和度”调整面板中进行调整，将“自然饱和度”调整为“+55”，如图5-37所示。

图5-37　调节饱和度

⑤ 在图层面板中，点击“自然饱和度”调整图层的图层蒙版，从工具箱中选中“画笔工具”，选择柔角画笔，如图5-38所示。设置图像颜色前景色为“黑色”，背景色为“白色”，如图5-39所示。并在属性栏中设置画笔不透明度为“30%”，如图5-40所示。然后使用画笔工具在图像的人物处反复涂抹，以达到颜色恢复效果，如图5-41所示。最终完成效果如图5-42所示。

图5-38　选择画笔

图5-39　设计前景色

图5-40　调节不透明度

图5-41　绘制区域

图5-42　效果图

5.5 高级技巧：修复色温偏差照片

5.5.1 “色温”名词解析

色温是表示光源光谱质量最通用的指标。色温是按绝对黑体来定义的，光源的辐射在可见区和绝对黑体的辐射完全相同时，此时黑体的温度就称此光源的色温。低色温光源的特征是能量分布中，红辐射相对说要多些，通常称为“暖光”；色温提高后，能量分布集中，蓝辐射的比例增加，通常称为“冷光”。一些常用光源的色温为：标准烛光为1930K（开尔文温度单位），钨丝灯为2760～2900K，荧光灯为3000K，闪光灯为3800K，中午阳光为5600K，电子闪光灯为6000K，蓝天为12000～18000K。

所以，色温如果产生偏差，对我们的照片色彩来说必定带来不少的影响，本章节将讲述如何修复色温偏差照片，图5-43中左侧为原图，右侧为最终效果图，过程图如图5-44所示。

图5-43　效果对比

图5-44　过程图

5.5.2　打开照片并复制图层

① 运行Photoshop CS5软件，执行“文件”/“打开”（快捷键Crtl+O）命令，如图5-45所示。在弹出的“打开”对话框中将素材文件选中并单击“打开”，如图5-46所示。返回工作区，如图5-47所示。

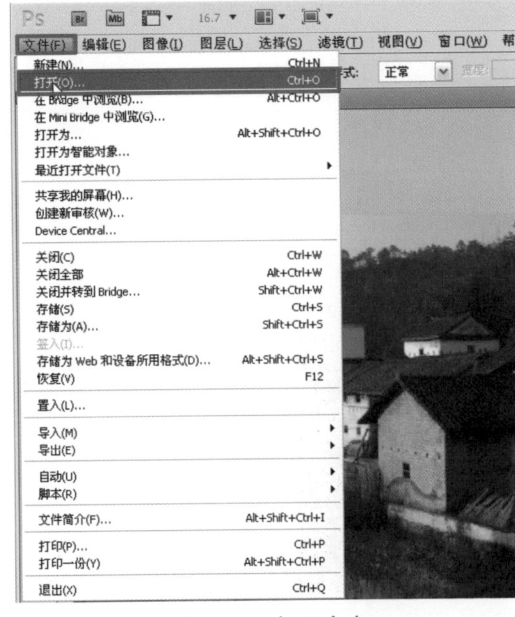

图5-45　打开命令

图5-46　“打开”对话框

图5-47　工作区

② 打开的素材是一张色温偏差的乡村风景照片，在图层面板中单击选中“背景”图层，如图5-48所示。按下快捷键Crtl+J对其进行复制，以便不破坏原有图层。在“图层”面板中单击选中刚刚新建的“图层1”，如图5-49所示。

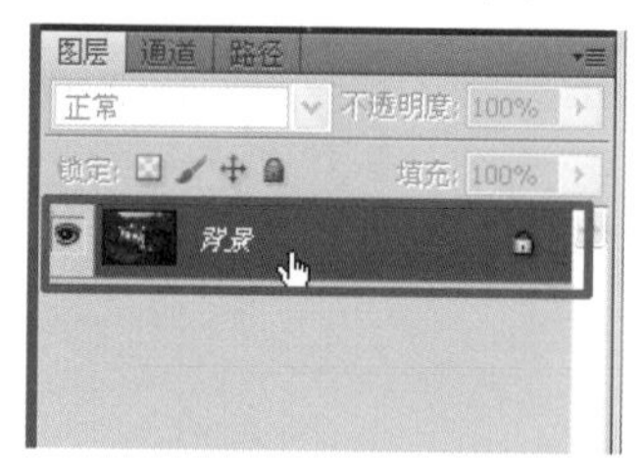

图5-48　选择图层

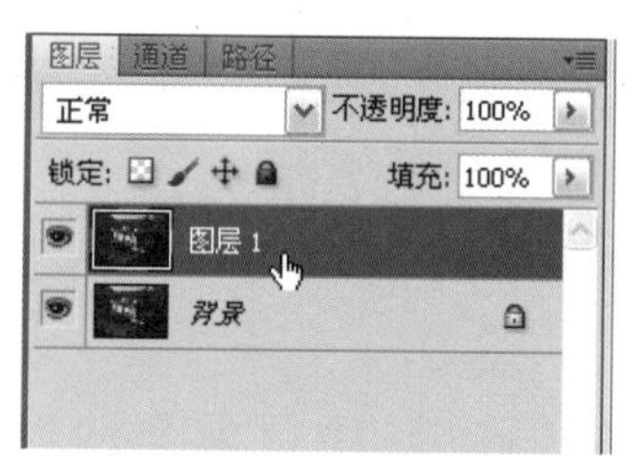

图5-49　复制图层

5.5.3 使用“色阶”命令修缮色温

① 在图层面板中点选“图层1”，执行“图像”/“调整”/“色阶”（快捷键Crtl+L）命令，如图5-50所示。然后点击“设置黑场”吸管工具，在图像上吸取你认为最为黑暗的部分，如图5-51所示。再点击“设置灰场”吸管工具，在图像上吸取你觉得有灰色的地方，如图5-52所示。最后点击“设置白场”吸管工具，在图像上吸取你觉得光度最亮的地方，如图5-53所示。点击“确定”返回工作区，如图5-54所示。

图5-50　色阶命令

图5-51　设置黑场

图5-52　设置灰场

图5-53　设置白场

图5-54　效果

② 在图层面板中选中“创建新的填充或调整图层”按钮，在弹出的菜单中选择“曲线”命令，如图5-55所示。在调整面板中，对曲线进行调整，如图5-56所示。返回工作区，得到了最终效果如图5-57所示。

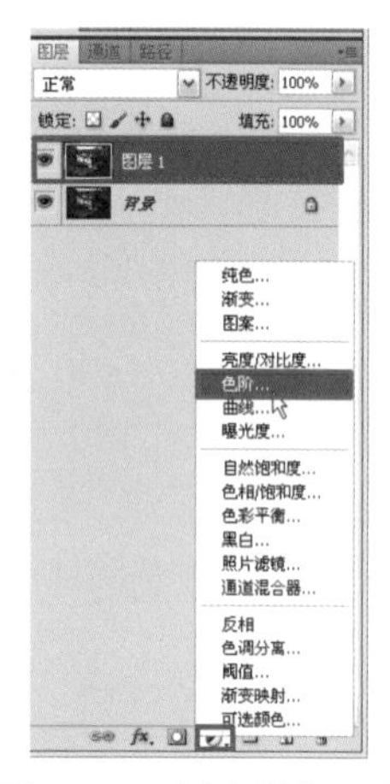

图5-55　创建调整图层

图5-56　调节曲线

图5-57　最终效果

5.6 高级技巧：化模糊为清晰

5.6.1 造成照片模糊的原因

① 现场光线较弱：这时相机自动给出慢速曝光，如1/4秒，而如没用三脚架，或用了架子被摄者在动，都能使影像变虚。

② 雾气：当拿着相机刚从寒冷的室外到室内，镜头表面出现水汽凝结，导致拍出的照片像用了柔光镜。

③ 对焦不准确；一般自动相机是以画面中央为自动对焦基准的，人要是不在中央，那么焦点就落到后面的景物上，如山、雕塑、建筑等；可以对着人物半按快门完成对焦，然后不要松手，重新构图后按下快门完成曝光。

一般把拍的东西拍模糊了，都属于对焦不准确所造成的，虽然可以利用后期软件将模糊变清晰，但最终效果并没有对焦准确的效果好。本章节将讲述如何化模糊为清晰，图5-58中左图为素材图，右图为最终效果图，过程图如图5-59所示。

图5-58 效果对比图

图5-59 过程图

5.6.2 打开照片

① 运行Photoshop CS5软件，执行“文件”/“打开”（快捷键Crtl+O）命令，如图5-60所示。在弹出的“打开”对话框中将素材文件选中并单击“打开”，如图5-61所示。返回工作区，如图5-62所示。

图5-60　打开命令

图5-61　“打开”对话框

图5-62　工作区

② 在图层面板中选中“背景”图层，并双击该图层进行解锁，如图5-63所示。点击“确定”返回。再选中“背景”图层，按下快捷键Crtl+J进行图层复制，并设置其图层混合模式为“变亮”，如图5-64所示。

图5-63　解锁图层

图5-64　调节混合模式

5.6.3 对图层进行锐化处理

① 在图层面板中点选复制出来的“图层1”，然后执行“滤镜”/“锐化”/“USM 锐化”命令，如图5-65所示。在弹出的“USM 锐化”对话框中设置其数量为“150%”，半径为“7.5”像素，阈值为“0”色阶，如图5-66所示。点击“确定”返回工作区，如图5-67所示。

图 5–65　锐化命令

图 5–66　锐化参数

图 5–67　合并图层

② 执行“图像”/“模式”/“LAB 颜色”命令，在弹出的对话框中选择“合并”图层选项，如图5-68所示。继续在图层面板复制图层，点选“图层2”按下快捷键Crtl+J，如图5-69所示。

图5-68　合并效果

图5-69　复制图层

③ 进入通道面板，选择明度图层，如图5-70所示。执行“滤镜”/“锐化”/“USM 锐化”命令，在弹出的“USM 锐化”对话框中设置数量为“170%”，半径为“4”像素，阈值

图5-70　锐化参数

为“0”，如图5-71所示。点击“确定”返回工作区，并点选“LAB图层”后返回图层面板，将“图层2 副本”图层的混合模式设置为“柔光”，设置其不透明度为“30%”，如图5-72所示，最终效果如图5-73所示。

图5-71 阈值效果

图5-72 混合模式

图5-73 最终效果

6

完美修饰——人像篇

6.1 人像摄影与后期处理技巧

数码人像摄影是一个非常大的摄影门类和题材。由于人类社会生活比较复杂，因此人物摄影比起其它种类的摄影更加具有复杂性，但也更为丰富多彩。如拍摄女性时，无论从哪个角度拍摄，都必须重点表现女性的形体和气质，即形体的风韵、曲线的流动、肌肤的滋润、表情的生动以及心灵的内在美。纵观中外女性摄影名作，无论从取景、用光、姿态哪方面看，都是为表现女性气质而服务的，而女性的千姿百态，不同个性，又使得这份女性的美更加丰富多彩。

在后期处理中处理人像摄影照片时，常遇到一些人物瑕疵，如模特的皮肤，毛孔明显，有青春痘等，这时候便需要后期处理进行磨皮，有时候在人像摄影中，摄影者为寻求创意摄影时，有很多创意不能通过器材拍摄出来，而这时候就需要后期处理出来。

① 修缮人像皮肤问题，包括皱纹、黑眼圈等。对皮肤的基本处理和对照片中明显的穿帮和污点进行修饰，主要使用工具为图章、修补工具和磨皮滤镜，在此过程中将人物及背景修饰干净即可，此过程被称之为磨皮处理。

② 对人眼进行局部锐化处理，在眼睛周围选一块儿较为精细的区域（比如利用多边形套索工具），执行USM锐化。因为对一幅成功的人像来说，眼睛有着非同一般的重要性，所以首先要保证眼睛的锐利。对所选的部位进行适度的后期锐化大大有利于展示模特在凝视时的那种美妙的效果。

③ 调色，包括修复曝光问题，增加色彩饱和度等。此过程主要运用的工具有：色阶、色相饱和度、照片滤镜诸多命令。以下有这些调色基本知识：色相、明度、纯度称为色彩三要素。色彩三要素是色彩最基本的属性，是色彩的基础。两个鲜艳的色块放在一起产生强烈的刺激感，两个柔和的色块放在一起产生和谐的美感。不同的颜色组合带给人千差万别的视觉感受，理解色彩组合的概念，掌握色彩搭配的规律，就可以用直观有效的表达照片效果的主题。明度调整照片的根基，在调色过程中往往都把重心放在色相的调整，往往在经过色彩调整后，发现层次感依旧不好，颜色不实，好像浮在上面一样，这样的情况发生是由于配色不对，但更多的原因是照片的明度对比没有体现出来。色相调整，色相是指色彩的相貌名称，是区分色彩的主要依据，也是色彩特征的主体因素。以色相为主的配色，一般以色相环为依据，色相环分十色相环、十二色相环与二十四色相环等。

6.2 实例应用：消除红眼

6.2.1 关于红眼

红眼由于人的眼睛特点决定的。人眼与相机的光圈类似，瞳孔能调节大小，并且是自动调节大小。当人处在光线较暗处时，为看清东西瞳孔就会自动放大。由于视网膜上的血管丰富，夜晚，用闪光灯拍照时，瞬间的强光令瞳孔来不及收缩，反而会放大以便让更多的光线通过，光线便透过瞳孔投射到视网膜上，视网膜的血管就会在照片上产生泛红现象，人的眼珠便呈现出一片红色，即人们常说的“红眼”。

6.2.2 如何避免红眼的出现

一般数码照相机都有防红眼功能，开启相机的红眼控制功能通常可以减少数码照片拍摄中的红眼问题，不过有时可能忘记打开防红眼功能，或者效果不理想。所以在使用数码相机拍摄照片时，应注意一些拍摄技巧，以尽可能减少红眼的影响。如果注意下面三点，无论相机是否开启防红眼功能，都能有效地减轻红眼现象。

① 拍摄者应处在光源的前方，进行拍摄的时候，拍摄对象的瞳孔因有环境光线的照射，就不会受到强烈光线刺激而放大。

② 最好不要在特别昏暗的地方采用闪光灯拍摄，开启红眼消除系统后要尽量保证拍摄对象都正对镜头。

③ 有条件的话，可采用能进行角度调整的高级闪光灯，在拍摄的时候闪光灯不要平行于镜头方向，而向上同镜头成30度的角度，这样闪光的时候实际是产生环境光源，也能够有效避免瞳孔受到刺激而放大。

本章节将讲述如何利用软件后期处理图像中的红眼，如图6-1所示左图为原素材，右图为最终效果图，过程如图6-2所示。

图6-1　效果图

图6-2　过程图

6.2.3 打开照片并复制图层

① 运行Photoshop CS5软件，执行“文件”/“打开”（快捷键Crtl+O）命令，如图6-3所示。在弹出的“打开”对话框中将素材文件选中并单击“打开”，如图6-4所示。返回工作区，如图6-5所示。

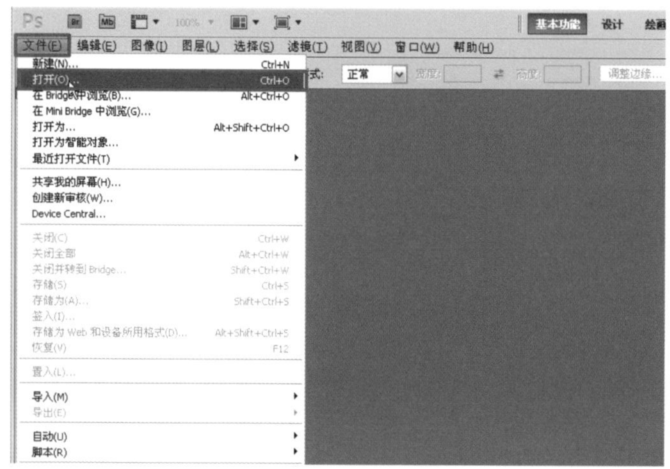

图6-3 打开命令

图6-4 “打开”对话框

图6-5 工作区

② 打开的素材是在夜间借助闪光灯拍摄的人像图，图像中可见人物眼睛都出现了红眼。在图层面板中单击选中“背景”图层，如图6-6所示。按下快捷键Crtl+J对其进行复制，以方便不破坏原有图层。在“图层”面板中单击选中刚刚新建的“图层1”，如图6-7所示。

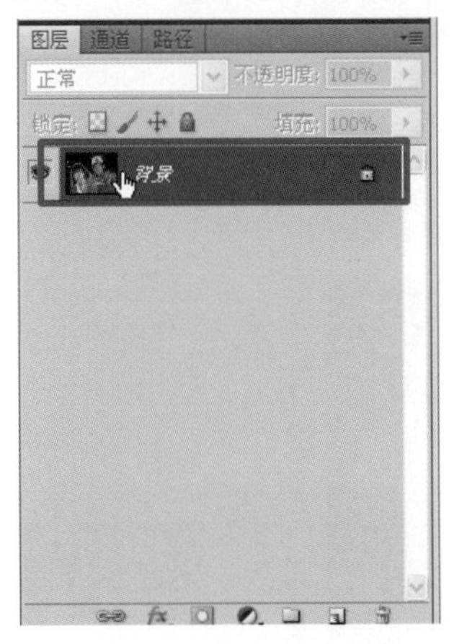

图6-6　选择图层　　　　图6-7　复制图层

6.2.4 使用“红眼工具”修缮画面

① 在工具箱中按住鼠标左键不放选中“修复画笔工具”，在调出的菜单中选择“红眼工具”，如图6-8所示。在属性栏中设置“红眼工具”的瞳孔大小值为“30%”，变暗量为“70%”，如图6-9所示。

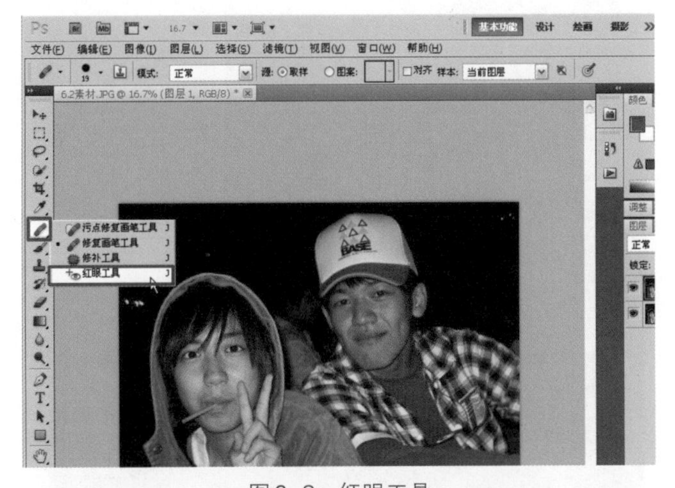

图6-8　红眼工具

图6-9　参数调节

② 使用设置好的“红眼工具”，按住快捷键“Crtl+空格键”并点击鼠标左键，对画面进行放大，然后找到眼睛红眼处进行点击，如图6-10所示。依次使用“红眼工具”进行修复，如图6-11所示。最终效果如图6-12所示。

图6-10　修复图像（一）

图6-11　修复图像（二）

图6-12　效果图

6.3 拓展训练：更换服饰颜色

6.3.1 技术分析

① 在摄影创作或生活留影中，经常出现局部色彩需要调整的情况。改变服饰的色彩，可以给观众以不同的感觉，摄影师可以根据客户的要求，调整衣服色彩可带来意外的惊喜。如图6-13为原始照片及更换服饰颜色后的效果对比。

图6-13　效果对比

② 本例使用Photoshop CS5的调整图层功能，首先打开素材图片并为其建立色彩平衡调整图层来达到更换色彩的效果。

6.3.2 调整色彩平衡

① 运行Photoshop CS5软件，执行菜单“文件”/“打开”（快捷键Ctrl+O）打开素材文件，如图6-14所示。

图6-14　打开图像

② 执行菜单“图层”/“新建调整图层”/“色彩平衡”，弹出“新建图层”窗口，在名称中输入“更改衣服色彩”，然后单击“确定”按钮，如图6-15所示。

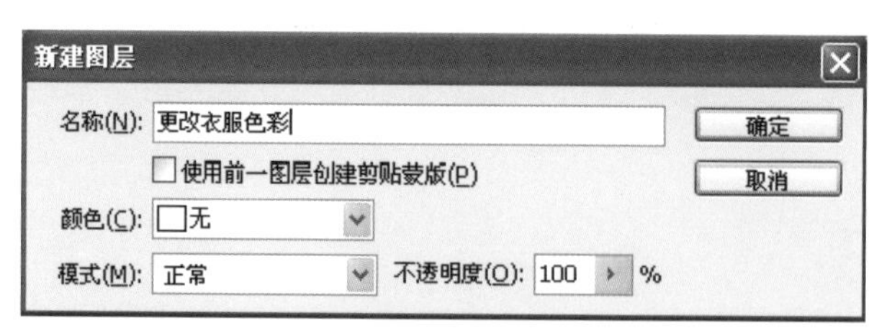

图6-15　色彩平衡

③ 执行菜单“窗口”/“调整”，打开调整面板；设置色调为“阴影”，调节参数分别为+16、-2、-57，并勾选保留明度，如图6-16所示。

图6-16　调节阴影

④ 选择色调为“中间调”，将参数设置为-100、-13、-37，如图6-17左图所示；选择色调为“高光”，将参数设置为-59、-22、-100，如图6-17右图所示。

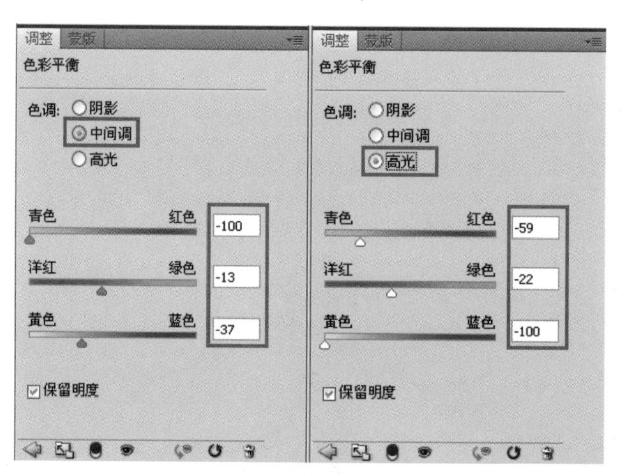

图6-17　调节中间调及高光

6.3.3　绘制更换色彩区域

① 执行菜单“图像”/“调整”/“反相”（快捷键Ctrl+I），然后选择工具箱中的画笔工具，如图6-18所示。

② 执行菜单“窗口”/“画笔”（快捷键F5），选择圆形笔刷并设置大小为“30px”，硬度为“48%”，间距为“25%”，如图6-19所示。

图6–18　反相

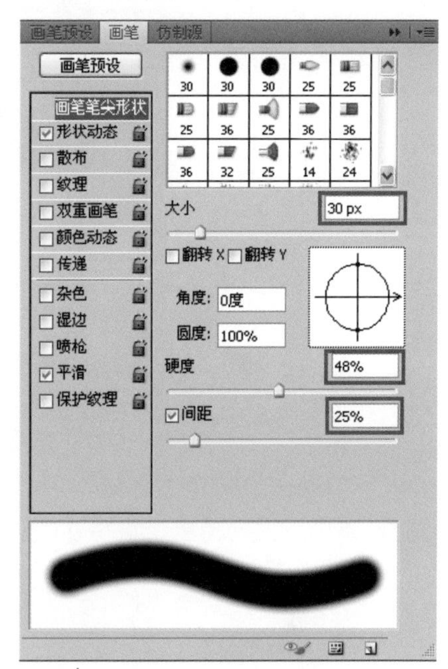

图6–19　选择画笔

③ 在工具箱中将前景色设置为白色，然后使用画笔工具在上衣中绘制出更改色彩的区域，如图6-20所示。

图6–20　设置前景色

④ 使用画笔工具绘制更改颜色区域时，可以结合“[”键及“]”键（左右中括号键）来调节画笔的大小；小心细致地绘制出衣服的换色区域，如图6-21所示。

图6-21　绘制衣服换色区域

⑤ 如果在绘制变色区域时出错，例如涂抹到目标区域以外，如图6-22箭头所示；此时可以将前景色设置为黑色，将错误的区域进行修复，如图6-22所示，最终效果如图6-23所示。

图6-22　调节效果

图6-23　效果图

6.4 高级技巧：移花接木—去想去的地方

6.4.1 案例分析

去世界各地旅行，是很多摄影师的梦想。但常常会因为时间、经济等原因而暂时无法实现。本例马车背景为国外风景图，客户想拍摄一张到该地的留影但又苦于没有时间。于是采用后期处理的方法，将人物与背景完美结合在一起。

原图如图6-24左图所示，效果图如图6-24右图所示，过程图如图6-25所示。

图6-24　效果对比图

图6-25　过程图

6.4.2 基本操作与调整

① 运行Photoshop CS5软件，执行“文件”/“打开”（快捷键Crtl+O）命令，在弹出的“打开”对话框中将素材文件选中并单击“打开”，返回工作区，如图6-26所示。

② 双击背景图层，在弹出对话框中单击“确定”按钮将背景图层转换成普通图层，如图6-27所示。

③ 打开素材文件，并拉拽到Photoshop CS5的工作区，按Enter键，完成编辑，并调整素材的位置，如图6-28所示。

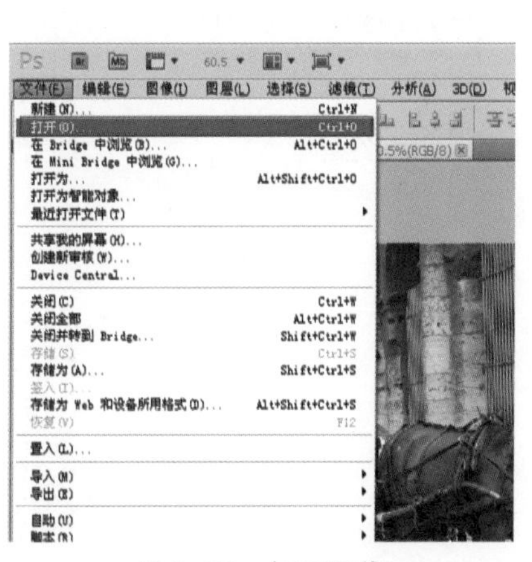

图6-26　打开图像

图6-27　转换图层

图6-28　素材编辑

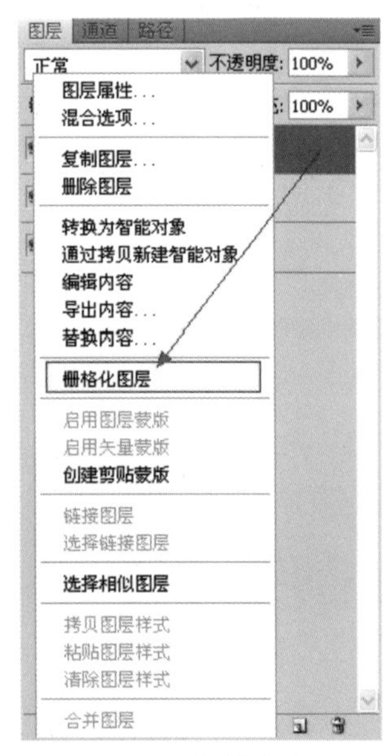

图6-29　栅格化图层

6.4.3　处理人物的阴影

① 在素材2上，按快捷键Ctrl+J复制一层得到图层“素材2 副本”，更名为“阴影”图层，在图层“阴影“上右击，执行“栅格化图层”命令，使图层变成普通图层，如图6-29所示。

② 按住Ctrl左击图层“阴影”，获取图层选区，如图6-30所示，将前景色设置为黑色，执行快捷键“Alt+Backspace”，填充黑色，如图6-31所示，然后执行快捷键“Ctrl+T”进行变形选区，如图6-32所示。

③ 将阴影层移动到图层“素材2”的下面，然后将中心点移到人物的脚尖处，在矩形的外围用鼠标进行旋转，如图6-33所示，然后按住鼠标进行边缘和大小的调整，最终如图6-34所示。

④ 将图层的透明度调整为“20%”，执行菜单命令：“滤镜”/“模糊”/“动感模糊”，参数如图6-35所示。最后利用画

图6-30　选择图像

图6-31　填充黑色

图6-32　变换图层（一）

图6-33　变换图层（二）

图6-34　效果

笔工具在人物的脚步旁边增加少量阴影。

⑤ 本例至此完成，最终效果如图6-36所示。

图6-35 动感模糊

图6-36 最终效果

7 完美修饰——静物篇

7.1 静物摄影与后期处理技巧

静物摄影与人物摄影、景物摄影相对，以无生命（此无生命为相对概念，比如从海里捕捞上来的鱼虾、已摘掉的瓜果等）、人为可自由移动或组合的物体为表现对象的摄影。多以工业或手工制成品、自然存在的无生命物体等为拍摄题材。在真实反映被摄体固有特征的基础上，经过创意构思，并结合构图、光线、影调、色彩等摄影手段进行艺术创作，将拍摄对象表现成具有艺术美感的摄影作品。这就叫静物摄影。

静物摄影后期处理主要有：背景修饰、静物色差调整、静物明暗度调整、各种环境光的调整。

7.2 实例应用：打造大景深微距照

7.2.1 名词解析——“景深”

景深，是指在摄影机镜头或其它成像器前沿着能够取得清晰图像的成像景深相机器轴线所测定的物体距离范围。在聚焦完成后，在焦点前后的范围内都能形成清晰的像，这一前一后的距离范围，叫作景深。在镜头前方（调焦点的前、后）有一段一定长度的空间，当被摄物体位于这段空间内时，其在底片上的成像恰位于焦点前后这两个弥散圆之间。被摄体所在的这段空间的长度，就叫景深。换言之，在这段空间内的被摄体，其呈现在底片面的影像模糊度，都在容许弥散圆的限定范围内，这段空间的长度就是景深。

7.2.2 微距摄影即近距离拍摄

微距摄影是数码相机的特长之一，用微距拍摄可以把很普通的场景拍成戏剧性的场面，微距特别擅长表现花鸟鱼虫等细小的东西，对细节可以充分展示，而且也可以随心所欲地表现自己在选题、构图、用光方面的创意，不像拍摄风光、人物、民俗文化等题材，要受很多条件的制约。微距上手比较快，虽然多为小品，但其中也往往包含很多作者的良苦用心，也能称得上是精品。微距摄影的目的是力求将主体的细节纤毫毕现的表现出来，把细微的部分巨细无遗地呈现在眼前。接下来，将介绍如何将一张普通照片打造为大景深微距照，如图7-1所示左图为原素材图，右图为最终效果图，过程如图7-2所示。

图7–1　效果对比

图7-2　过程图

7.2.3　打开照片并复制图层

① 运行Photoshop CS5软件，执行“文件”/“打开”（快捷键Crtl+O）命令，如图7-3所示。在弹出的“打开”对话框中将素材文件选中并单击“打开”，如图7-4所示。返回工作区，如图7-5所示。

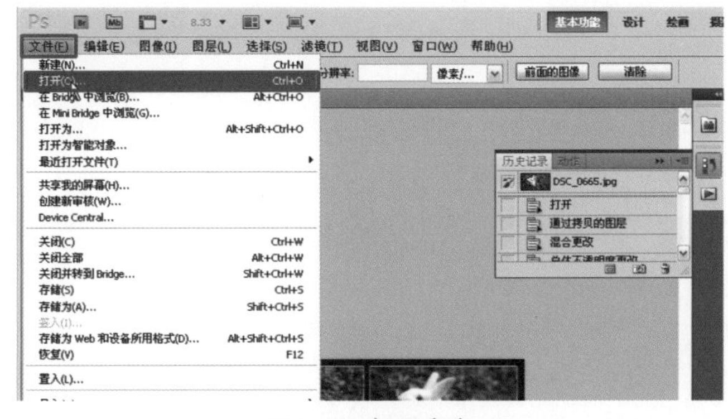

图7-3　打开命令

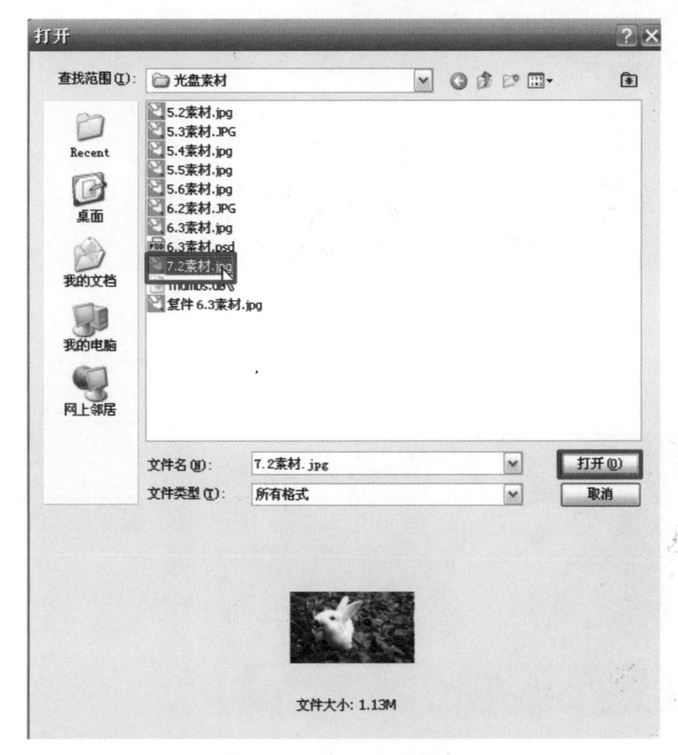

图7-4　“打开”对话框

图7–5　工作区

② 在图层面板中单击选中“背景”图层，如图7-6所示。按下快捷键Crtl+J对其进行复制，以方便我们不破坏原有图层。在图层面板中单击选中刚刚新建的“图层1”，如图7-7所示。

图7–6　背景图层

图7–7　复制图层

7.2.4　对画面进行模糊化处理

① 执行“滤镜”/“模糊”/“镜头模糊”命令，如图7-8所示。在弹出的“镜头模糊”对话框中设置预览方式为“更加准确”，光圈形状为“六边形”，半径为“46”，叶片弯度为“20”，旋转为“67”，分布设置为“高斯分布”，如图7-9所示。点击确定，返回工作区，如图7-10所示。

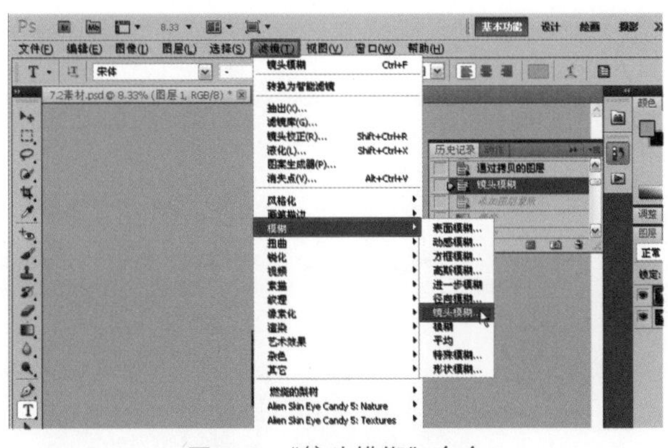

图7–8　“镜头模糊”命令

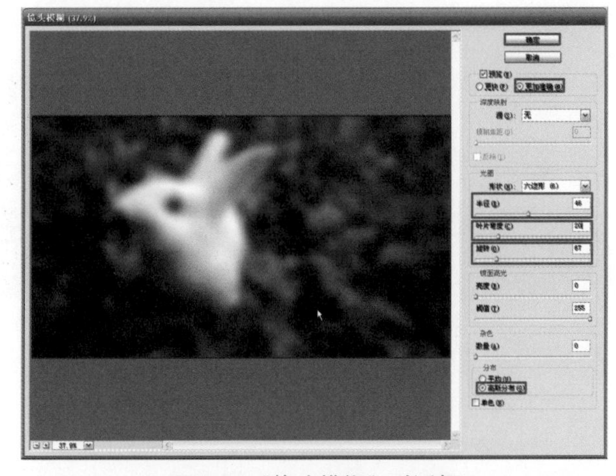

图7–9　“镜头模糊”对话框

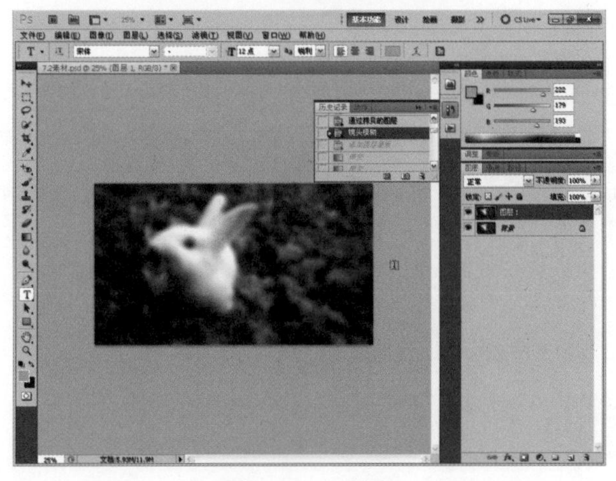

图7–10　工作区

图7–11　图层面板

② 在图层面板中点击添加“添加图层蒙版”按钮，如图7-11所示。

③ 在“工具箱”中选中“渐变工具”，在属性栏中设置渐变方式为“径向渐变”，如图7-12所示。并点击如图7-13所示区域，在弹出的“渐变编辑器”中点选渐变预设“黑，白渐变”，如图7-14所示。点击确定返回工作区。在图层面板中，选择图层1的蒙版层，如图7-15所示。使用“渐变工具”在图像上拖动鼠标，如图7-16所示。如果没能得到满意的效果，请反复拖动几次。最终效果如图7-17所示。

图7–12　渐变工具

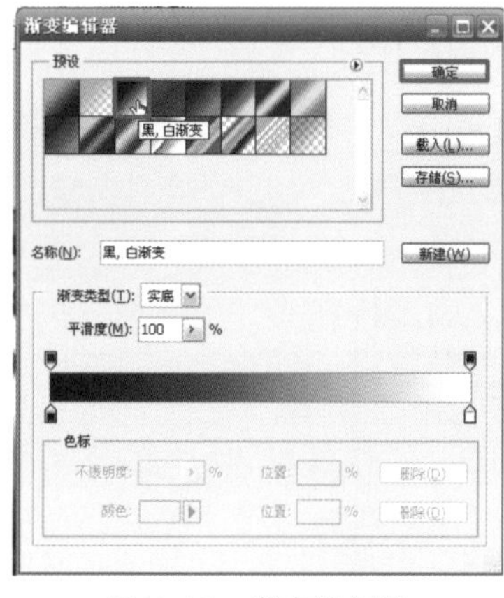

图7–13　渐变编辑器

图7–14　工作区

图7–15　效果（一）

图7-16　效果（二）

图7-17　最终效果

7.3 拓展训练：合成微距高清照片

7.3.1 技术分析

拍摄数码照片时，通常会因为对准了前面的物体而导致后面或旁边的物体模糊。也就是说一张照片总是有不清晰的地方。有没有办法可以制作成高清的照片，让每一个物体都显示得清晰呢？首先是拍摄多张同角度的照片，并逐渐对焦于某一物体，使每一张照片都有一个物体是最清晰的，然后使用Photoshop的“自动混合”命令打造微距高清照片。效果对比如图7-18所示，过程如图7-19所示。

图7-18　效果对比

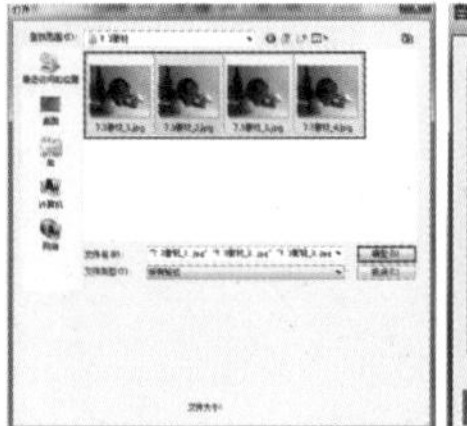
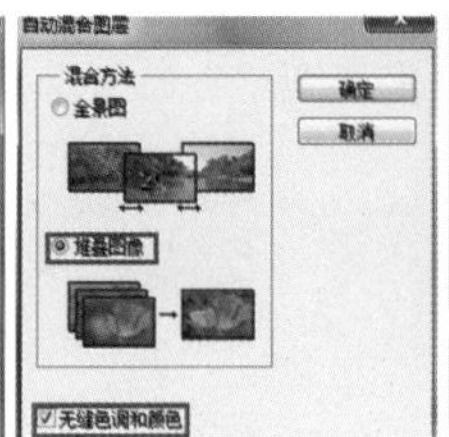

图7–19　过程图

7.3.2 使用“脚本”将图片导入至图层

① 运行Photoshop CS5软件，执行“文件”/“脚本”/“将文件载入堆栈”命令，如图7-20所示。在弹出的“载入图层”对话框中点击“浏览”按钮，如图7-21所示。

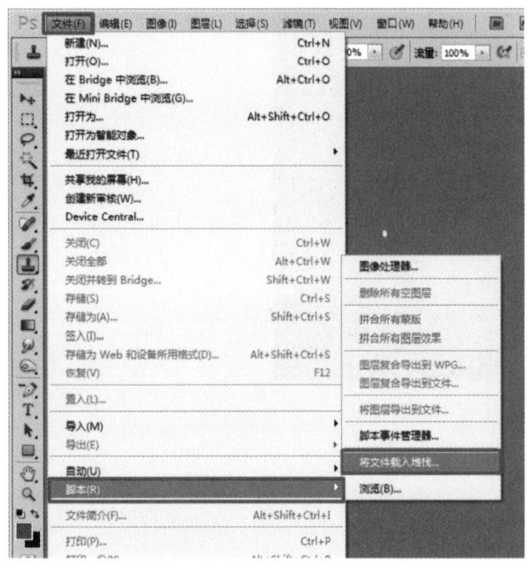

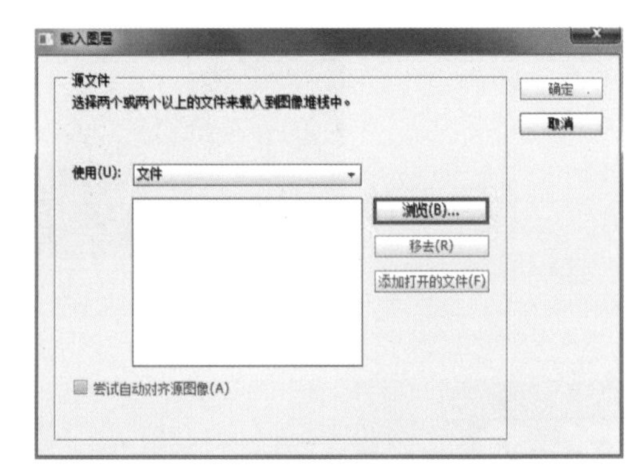

图7–20　打开命令

图7–21　“输入图层”对话框

② 在弹出的“打开”对话框中将素材一一选中，如图7-22所示。点击“打开”返回“载入图层”对话框，并勾选“尝试自动对齐源图像”如图7-23所示。点击“确定”返回工作区，这时可见素材全部导入并列出了图层，如图7-24所示。

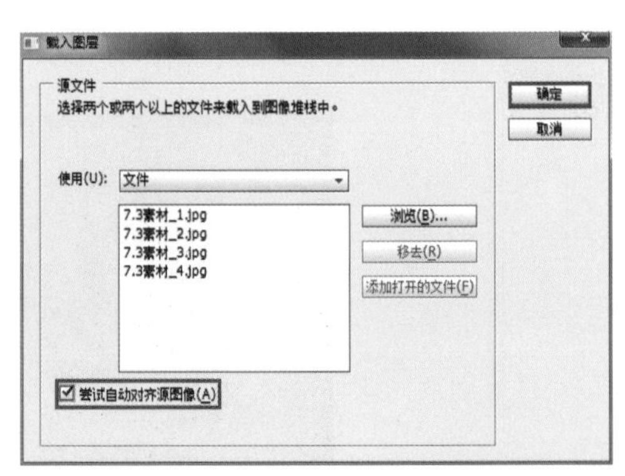

图7–22　选择素材

图7–23　“载入图层”对话框

图7–24　素材导入

7.3.3 “自动混合图层”命令

① 在图层面板中，全选所有图层，如图7-25所示。执行“编辑”/“自动混合图层”命令，如图7-26所示。在弹出的“自动混合图层”对话框中设置混合方法为“堆叠图像”并勾选“无缝色调和颜色”，如图7-27所示。点击“确定”返回工作区，如图7-28所示。

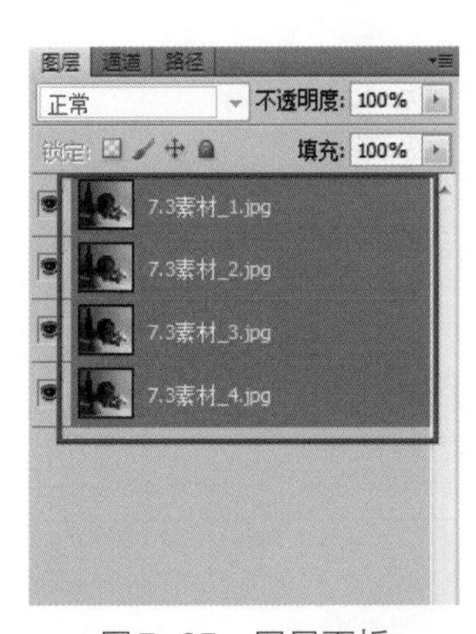

图7–25　图层面板

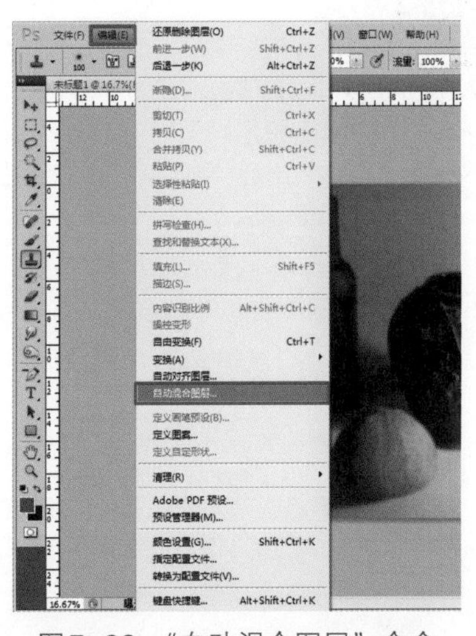

图7–26　“自动混合图层”命令

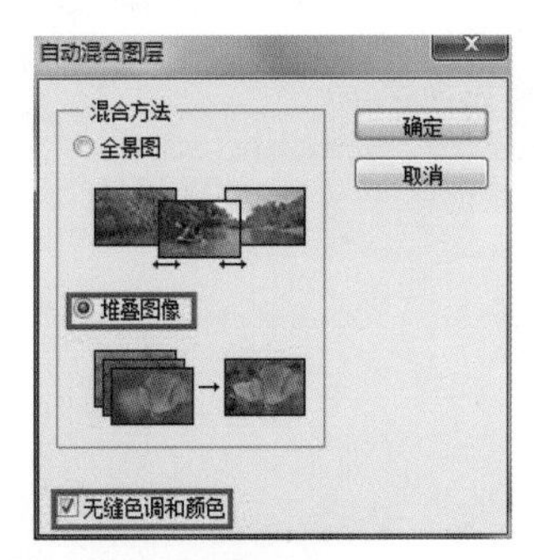

图7–27　“自动混合图层”对话框

图7–28　工作区

图7–29　图层面板

② 在图层面板中，选择顶端的图层，如图7-29所示。按下快捷键Ctrl+Shift+Alt+E盖印图层，如图7-30所示。

③ 在图层面板中，选择“图层1”，如图7-31所示。在工具箱中选择“仿制图章工具”，如图7-32所示。在图像空白处附近按住Alt键进行取样，如图7-33所示。再对如图7-34所示的空白区域进行填充。并完成最终效果如图7-35所示。

图7–30　盖印图层

图7–31　选择图层

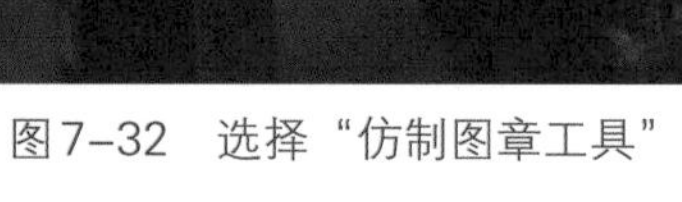

图7–32　选择“仿制图章工具”

图7-33　取样

图7-34　填充

图7-35　最终效果

7.4 高级技巧：将照片打造成油画效果

7.4.1 技术分析

本案例讲解如何将静物照片打造成油画效果的方法，首先对原素材时行涂沫处理，并通过浮雕化的滤镜处理、图层混合模式的应用打造出油画效果。最后使用Photoshop提供的动作功能，快速为作品添加木质画框，案例效果如图7-36所示，过程如图7-37所示。

图7-36　效果对比图

图7-37　过程图

7.4.2 制作油画纹理效果

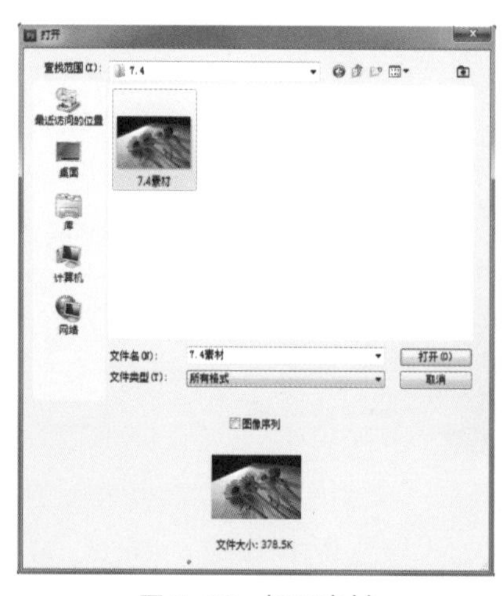

图7-38　打开素材

① 运行Photoshop软件，执行菜单“文件”/“打开”（快捷键Ctrl+O），将素材打开，如图7-38所示。

② 执行菜单“图像”/“自动对比度”（快捷键Alt+Shift+L），将照片时行自动对比度处理，如图7-39所示。

③ 在图层面板上将“背景”图层拖动到创建新图层按钮上，将其复制为“图层1”，如图7-40所示。

④ 执行菜单“图层”/“新建填充图层”/“图案”，如图7-41所示。

⑤ 在弹出的新建图层对话框中，设置名称为“纹理效果”，如图7-42所示。

⑥ 在图案填充对话框中设置缩放为127%，然后点

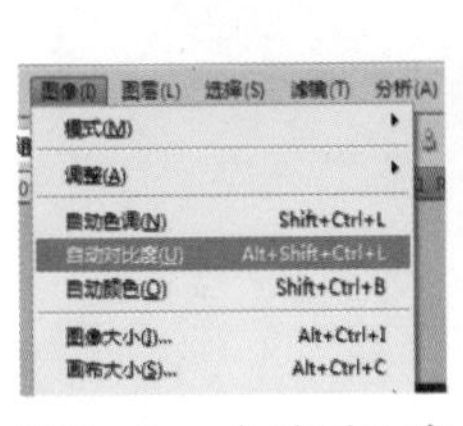

图7-39　自动对比度

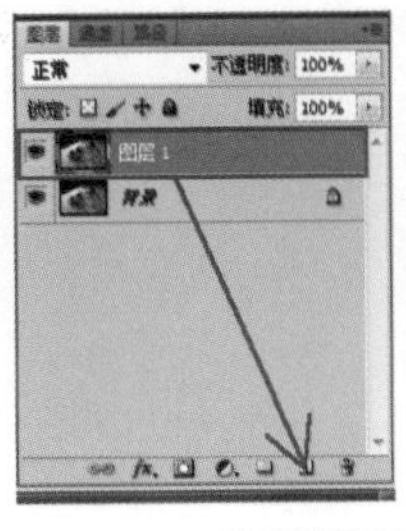

图7-40　复制图层

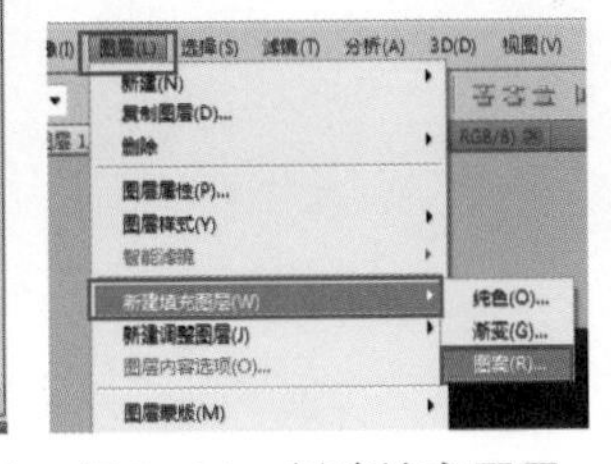

图7-41　创建填充图层

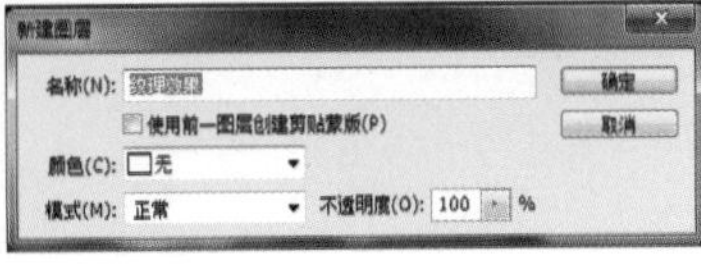

图7-42　设置名称

击图案旁边的小三角形图标展开菜单，选择“艺术表面”，如图7-43所示。

⑦ 选择纹理为“粗麻布（90×90像素，灰度模式）”，然后单击“确定”按钮，如图7-44所示。

⑧ 在图层面板上将“图层1”再次复制获得图层“图层1副本”，并将其拖动到顶层，如图7-45所示。

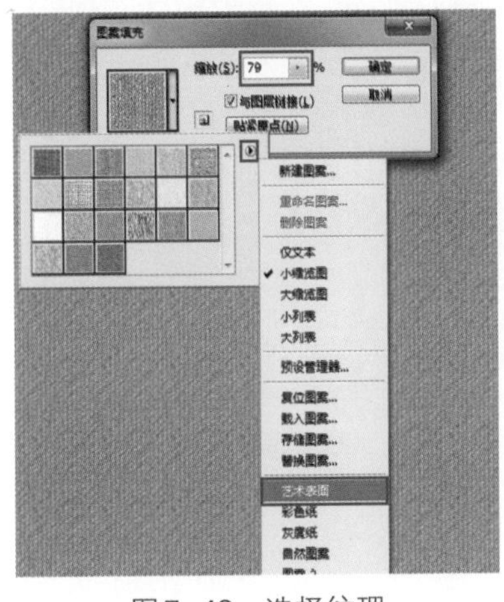

图7-43　选择纹理

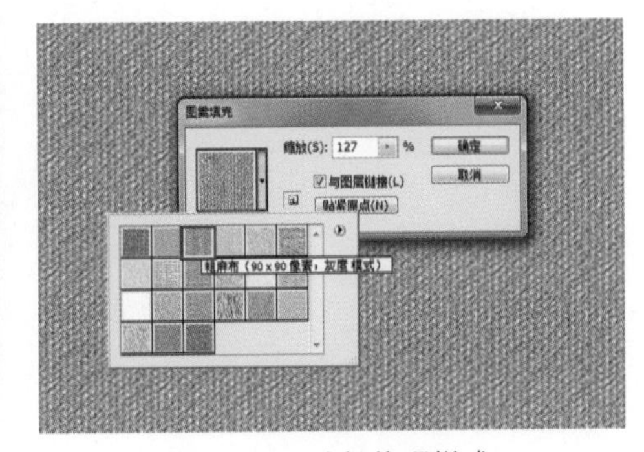

图7-44　选择纹理样式

图7-45　复制图层

7.4.3　涂沫笔触效果

① 在工具箱中，选择涂沫工具，然后在工具选项栏中设置强度为“100%”，在绘图区中单击右键，弹出画笔选择框，设置大小为“28px”及选择笔刷类型，如图7-46所示。

② 按照物体的形状进行涂沫操作，如图7-47所示。

③ 涂沫完成后，将图层“图层1”再次复制，获得“图层1副本2”并将其拖动到顶层，如图7-48所示。

④ 执行菜单“滤镜”/“风格化”，弹出滤镜设置对话框，设置角度为“-41”度，高度为“3”像素，数量为“67”，然后单击“确定”按钮，如图7-49所示。

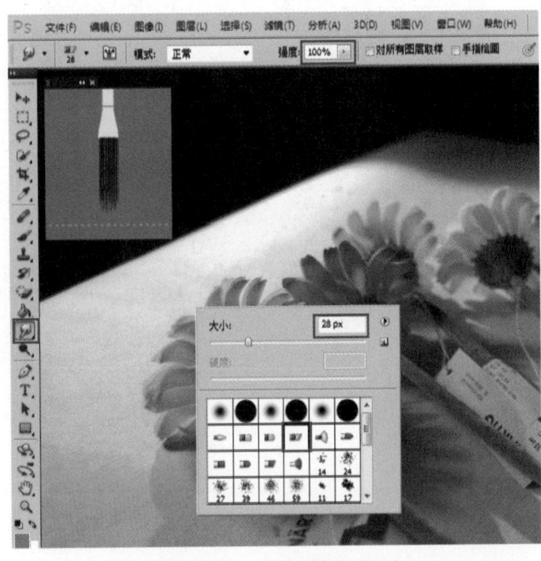

图7-46　设置笔刷类型

图7–47 涂抹过程

图7–48 复制图层

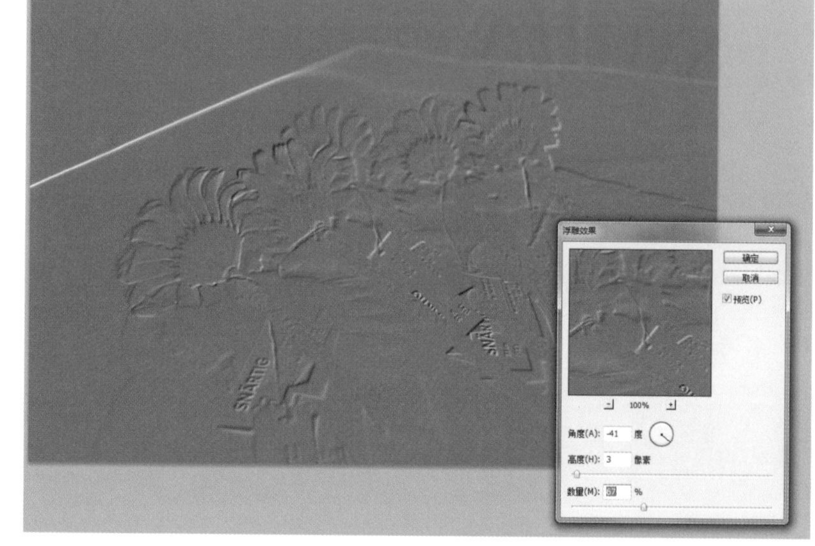

图7–49 浮雕效果

⑤ 在图层面板上将图层“图层1副本2”设置混合模式为“叠加”，如图7-50所示。

图7–50 设置混合模式

⑥ 执行菜单“图层”/“新建填充图层”/“图案”，如图7-51所示。

⑦ 弹出新建图层面板，设置名称为“图案填充1”，颜色为“无”，模式为“正常”，不透明度为“100%”，然后单击“确定”按钮，如图7-52所示。

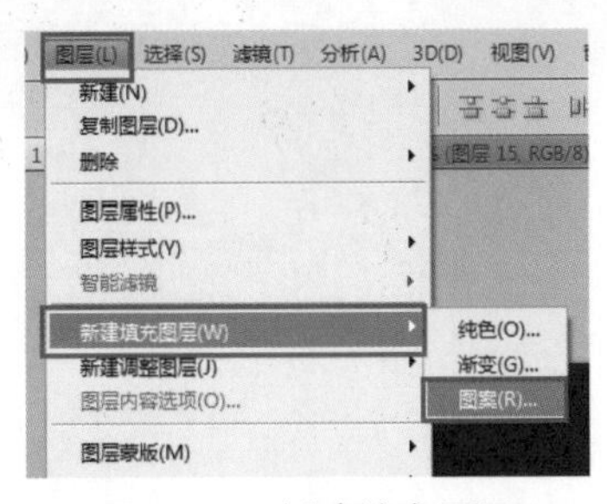

图7-51　新建填充图层

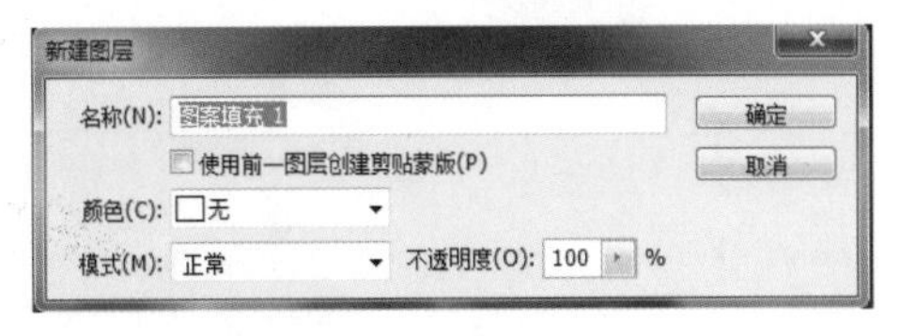

图7-52　设置图层名称

⑧ 弹出图案填充设置窗口，设置纹理为“粗麻布”，缩放为100%，然后单击“确定”按钮，如图7-53所示。

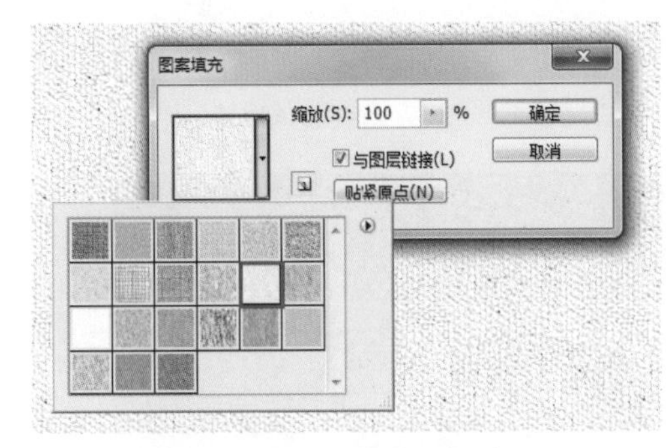

图7-53　选择纹理样式

⑨ 在图层面板上，将图层“图案填充1”的混合模式设置为“颜色加深”，如图7-54所示。

图7-54　设置混合模式

⑩ 在工具箱中选择“涂抹工具”，对如图7-55所示位置进行涂抹修饰。

⑪ 在图层面板上将图层“图层1副本”的混合模式设置为“强光”，如图7-56所示。

图7–55　涂抹修饰

图7–56　设置混合模式

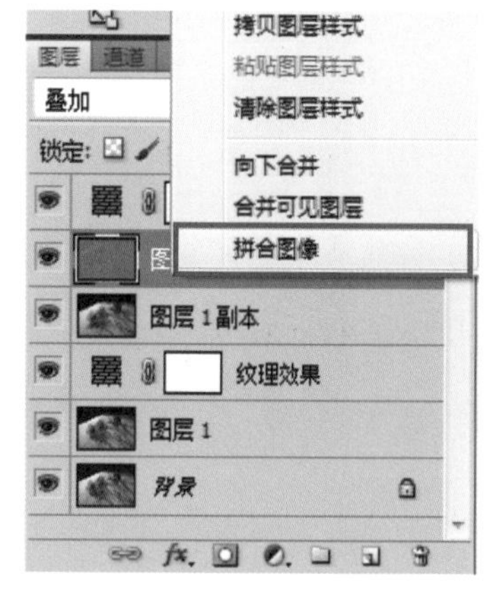

图7–57　拼合图像

⑫ 在图层面板中，选择任一图层位置单击右键弹出菜单，选择“拼合图像”将图层合并，如图7-57所示。

7.4.4 制作画框效果

① 运行菜单“窗口”/“动作”（快捷键Alt+F9）打开动作面板，如图7-58所示。

② 在动作面板上单击右上角的小三角图标，展开动作菜单，选择“画框”，如图7-59所示。

③ 在动作面板上，选择“木质画框-50像素”，然后点击“播放”按钮，如图7-60所示，完成本例制作，最终效果如图7-61所示。

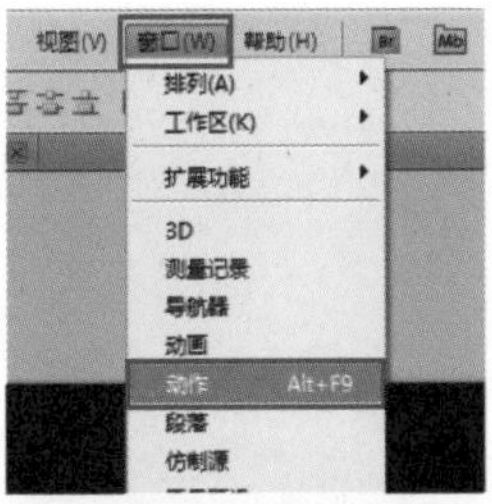

图7-58　动作窗口

图7-59　画框

图7-60　播放动作

图7-61　最终效果

8

完美修饰——风光篇

8.1 风光摄影的技巧

风光摄影指表现自然界风景之美为主要元素的作品，例如对自然景色、建筑等的摄影，属于摄影中的一个类型。自从摄影技术产生以来，风光摄影就广受摄影师的喜欢，它给人类带来非常全面的享受，从作者发现美的存在到用摄影手法去表现，再到观众的欣赏过程都是给人们感官与心灵的快乐。

风光摄影可以让观众欣赏到没有去过的地方的风光，众多著名的景点大多数人都是通过照片来认识的。风光摄影很讲究技巧，笔者根据经验将常见的摄影技巧进行总结。

（1）关于拍摄题材

拍摄题材指的是拍摄什么，很多摄影初学者总是觉得见到什么就拍摄什么。其实要想拍摄精彩的风光摄影，必须先有构思。要去感受眼前风光令人着迷的特征，例如辽阔的平原、繁华的城市、雄伟的高山等。

（2）注重清晰度

风光摄影最基本的要求就是必须把大自然影像拍摄清晰。这对摄影基本功要求较高，进行风光摄影必须反复强调景深这一概念。每一个镜头都是具有景深的，大光圈时景深小；小光圈时景深大。所以为了获得清晰度，摄影师应尽量选择小的光圈并且保证对焦点的准确性。

（3）留意小景

绝大多数的摄影爱好者都喜欢拍摄非常磅礴的风光，其实精致的小景同样吸引人。例如路边的小树、小花、流水等，也可以拍摄得非常精彩。小景照片取材比较容易，不用花费大量的时间和金钱去寻找著名景点。摄影师要有一双发现美的眼睛去留意身边的一花一草，去感受大自然的创造力。著名景点容易复制，而小景照片却是没有人可以重复的。

（4）关注时间与天气情况

很多风光摄影师总说是靠天吃饭，事实上不同的天气可以使同一个景点获得不同的视觉效果。运用云朵、雨点、雪花或雾气等气候特征可以使照片产生不同的气氛，从而表达风光摄影作品完全不同的心理感受。

（5）灵魂与构图

风光摄影创作中，构图最具举足轻重的作用。每一张风光摄影都必须注重构图。构图要大胆，这是很多人都明白的道理，但是要做到却并非易事，必须要求去尝试新的构图形式，才能使新颖的照片让观众眼前一亮。特别是拍摄空旷的场景，可以有意识地去表现艺术元素，例如肌理、图案等。

（6）把握画面层次

判断一张风光摄影作品的水平，基本要素是要看照片的层次感。如果没有层次感，画面会显得平淡无味。如果有了层次感，也就有真实的立体效果、画面也会显得更加丰富以达到意境美的效果。将前景、中景、背景三者的关系平衡分布，互相呼应即可使照片获得丰富的层次感，达到自然和谐之美。

（7）记下拍摄地点

记下拍摄地点对于风光摄影是非常好的习惯，对于发表照片、为照片取个题目都有很大的帮助。此外，当第二次到相同地点拍摄，获得一组的系列照片也必须有题目，很多成功的风光照片，都是由摄影师在同一地点拍了无数次才获得的效果。

（8）多拍几张

现在的摄影师可以不用考虑传统摄影浪费胶卷的情况，因为数码相机的存储卡价格低廉并且容量很大，所以摄影师面对大自然的风光应该多拍几张。横拍、竖拍等不同的构图方式，不同的曝光值、不同的光圈大小都可以尝试多拍几张。在尝试多拍的同时，也是摄影师积累经验的过程。

8.2 实例应用：昼夜转换——白天转夜色风光

8.2.1 案例分析

本例讲解如何将白天转换成夜景的效果，主要应用了Photoshop的色相、饱和度、色阶等功能。原图如图8-1左图所示，效果如右图所示，过程如图8-2所示。

图8-1 效果对比

图8-2 过程图

8.2.2 基本操作与调整

① 运行Photoshop CS5软件，执行“文件”/“打开”（快捷键Crtl+O）命令，在弹出的

“打开”对话框中将素材文件选中并单击“打开”，返回工作区，如图8-3所示。

② 双击背景图层，在弹出对话框中单击“确定”按钮，将背景图层转换成普通图层0，如图8-4所示。

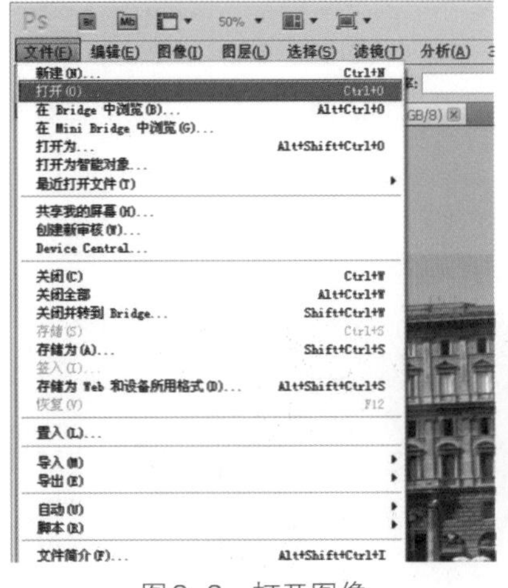

图8-3 打开图像

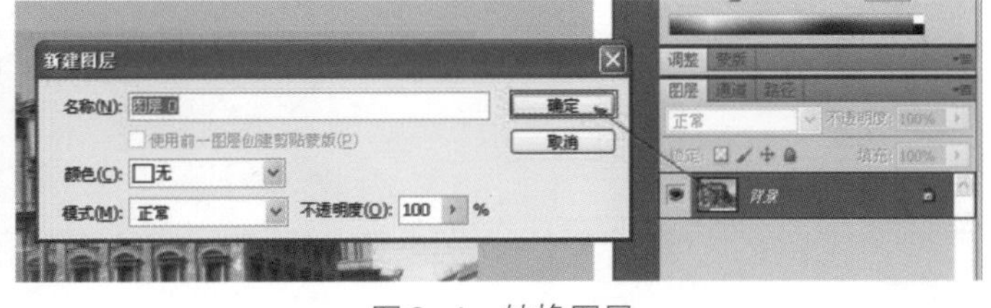

图8-4 转换图层

③ 打开素材文件，并拉拽到Photoshop CS5的工作区，按Enter键，完成编辑，如图8-5所示，并调整素材的位置，将它的图层混合模式改为“正片叠底”。用钢笔工具将天空绘制出来，注意别漏了左上角，如图8-6所示，执行快捷键“Ctrl+Enter”，将钢笔所绘制出来的路径转换为选区，快捷键“Shift+F6”，羽化5个像素，点击添加图层蒙版按钮，如图8-7所示，效果如图8-8所示，但边缘不是那么完美，使用硬度为“0%”，透明度“25%”的画笔对边缘进行处理。

图8-5 打开素材

图8-6 钢笔工具

图8-7 添加蒙版

图8-8 边缘处理

图8-9　创建调整图层

8.2.3　白天转夜色风光

① 回到图层0，点击创建新的填充或调整图层，添加一个色相/饱和度调整层，如图8-9所示，调整参数如图8-10所示，使图片中有色彩的建筑变暗，效果如图8-11所示。

② 以同样的方法，在色相/饱和度调整层上增加色阶，参数如图8-12和图8-13所示，效果如图8-14所示。

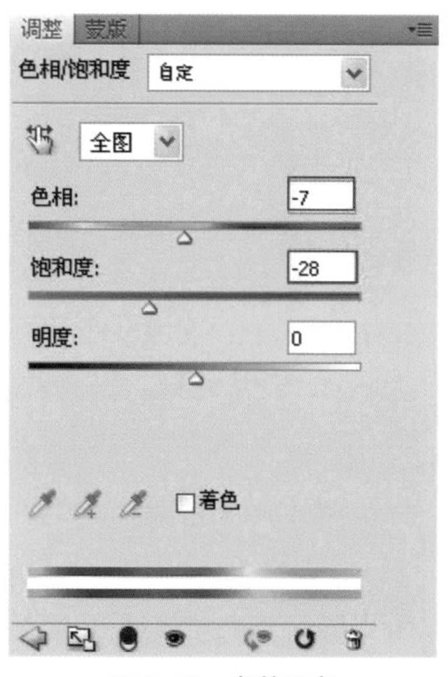

图8-10　参数设定

图8-11　效果图

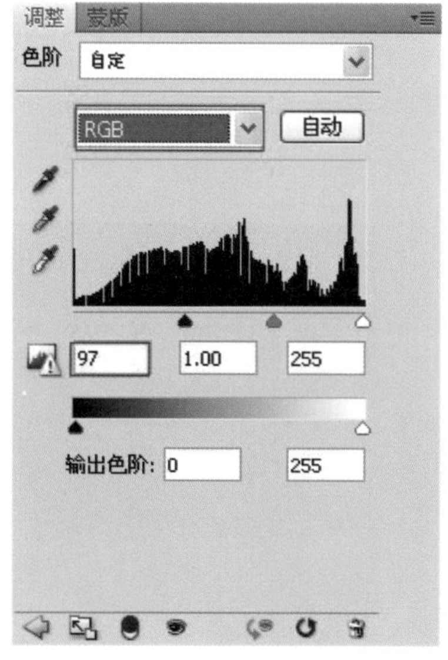

图8-12　调整色阶（一）

图8-13　调整色阶（二）

③ 按住Shift，选择图层0、色相/饱和度1、色阶1，执行快捷键”Ctrl+Alt+E”合并图层，生成图层1，如图8-15所示。用加深工具对图中建筑物等背景进行加深处理，注意画笔硬度为“0%”，曝光度为“50%”，效果如图8-16所示。

④ 新建图层1，将图层混合模式改为“正片叠底”，用画笔工具对图中建筑白色部分继续加深，如图8-17所示，

图8–14　效果图

图8–15　合并图层

图8–16　效果图

图8–17　正片叠底

8.2.4 路灯的光处理

① 新建图层2，将图层混合模式改为“强光”，用钢笔在路灯的灯罩处绘制一个选区，如图8-18所示，填充淡黄色，双击图层2，进行图层样式设置，设置参数如图8-19所示，效果如图8-20所示。

图8-18　选区

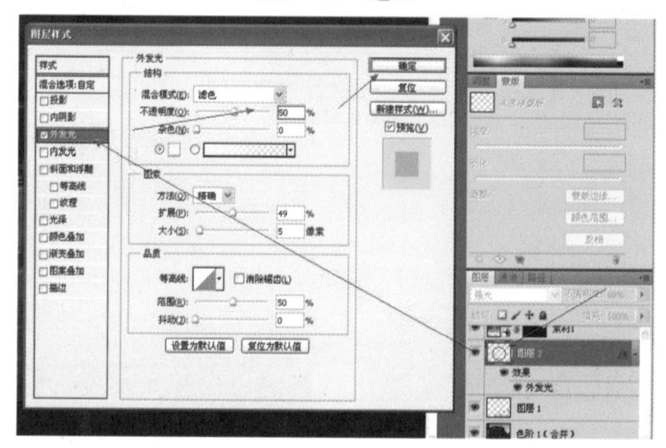

图8-19　发光样式

图8-20　效果

② 新建图层3，移到最顶层，同时将图层混合模式改为“强光”，用钢笔按路灯的照示方向绘制一个选区，如图8-21所示，快捷键“Shift+F6”，羽化20个像素，用渐变工具，设置淡黄色至透明，按图8-22箭头对选区进行填充，按照同样的方法也对路灯的右边进行修饰，效果如图8-23所示。

③ 本例至此完成，最终效果如图8-24所示。

图8–21 路径绘制

图8–22 填充颜色

图8–23 效果

图8–24 最终效果

8.3 拓展训练：季节转换——打造雪景世界

8.3.1 案例分析

雪景对于北方的读者来说，是非常常见的。但对于南方的读者可能尚未见过下雪。广告摄影中经常需要用到雪景，但有时却在炎炎的夏日无法进行雪景拍摄。此时可以通过后期处理的办法，打造雪景世界。原图如图8-25左图所示，效果图如图8-25右图所示，过程图如图8-26所示。

图8-25 效果对比

图8-26 过程图

8.3.2 基本操作

① 运行Photoshop CS5软件，执行“文件”/“打开”（快捷键Crtl+O）命令，在弹出的“打开”对话框中将素材文件选中，并单击“打开”，返回工作区，如图8-27所示。

② 双击背景图层，在弹出对话框中单击“确定”按钮，将背景图层转换成普通图层0，如图8-28所示。

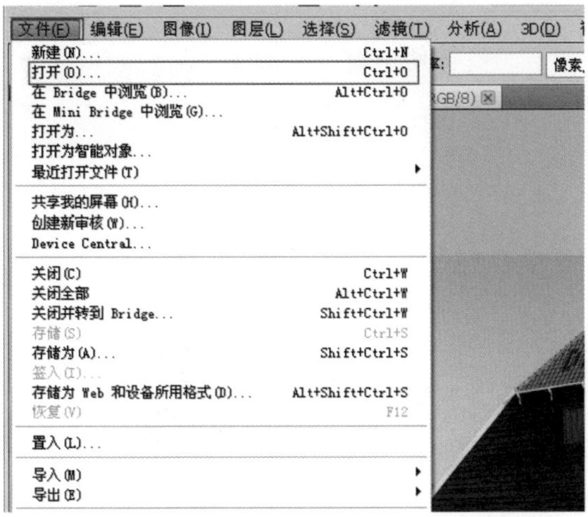

图8-27　打开命令

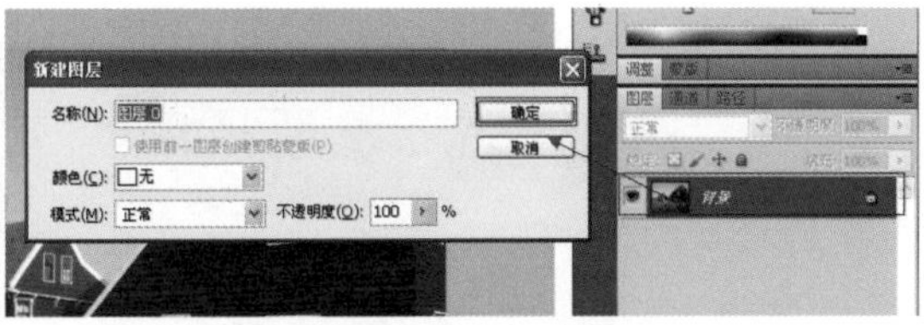

图8-28　转换图层

8.3.3 将草地和屋子都变成雪景

① 在图层0上，按快捷键Ctrl+J复制一层得到图层“图层0副本”，更名为“草地”，选择该图层，执行菜单命令：“图像”/“调整”/“替换颜色”，在弹出的对话框中，设置颜色容差值为16，将明度设为“+100”，在对话框右上方可以看到有三个吸管工具，选择最左边的第一个吸管，如图8-29所示，点击草地上有草的任意部位一下，此时用户可以发现一部分绿色的草地变成了白色，然后选择中间的吸管，再次点击还没有变成白色的其它绿草，雪花就增加了，如果对那些地方不满意，可以第三个吸管点击将它取消，效果如图8-30所示。

图8-29　替换颜色

图8-30　效果

② 复制图层“草地”，更名为“屋子”，选择该图层，再次执行菜单命令：“图像”/“调整”/“替换颜色”，用同样的方法将屋顶变成雪花，效果如图8-31所示。

③ 很明显，雪花还是不够的，再复制图层“屋子”，更名为“加强1”，以同样的方式对屋顶进行加强，效果如图8-32所示，此时发现前头所指的位置雪花过多，添加图层蒙版，用黑色画笔在窗户和烟囱上面绘画，如图8-33所示，效果如图8-34所示。

图8-31　效果

图8-32　加强后效果

图8-33　添加蒙版

图8-34　效果

④ 用同样的方法将右边的屋子的屋顶进行加深，注意使用图层蒙版功能，如图8-35所示，不然会将不需要变雪花的地方也变成了雪花，效果如图8-36所示。

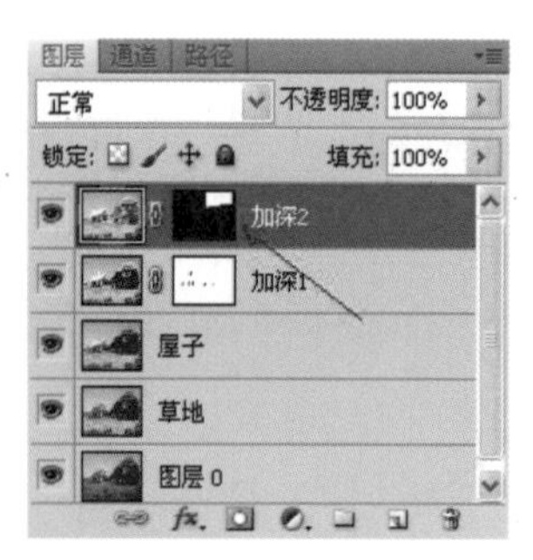

图8-35　添加蒙版

图8-36　效果

8.3.4 细节调整

① 新建空白图层1，命名为“屋顶”，用白色画笔工具在烟囱上绘画，让它看上去有不少积雪，如图8-37所示，如果其它位置觉得积雪不够，也可以同样的方法增加雪量。

② 新建空白图层1，命名为“雪花”，将图层混合模式设为“滤色”，填充黑色，执行菜单命令：“滤镜”/“像素化”/“点状化”，单元格大小设置为10；然后执行菜单命令：“滤镜”/“模糊”/“高斯模糊”，半径为3个像素，执行菜单命令：“图层”/“调整”/“去色”，修改图层的透明度为“50%”，效果如图8-38所示。

图8-37　新建图层

图8-38　飘雪效果

③ 点击创建新的填充或调整图层，添加一个色相/饱和度调整层，如图8-39所示，让图层显得比较冷色调，符合冬天的感觉，调整参数如图8-40所示，效果如图8-41所示。

④ 执行菜单“图像”/“调整”/“自动色阶”，提高照片的明度对比，如图8-42所示。本例至此完成。

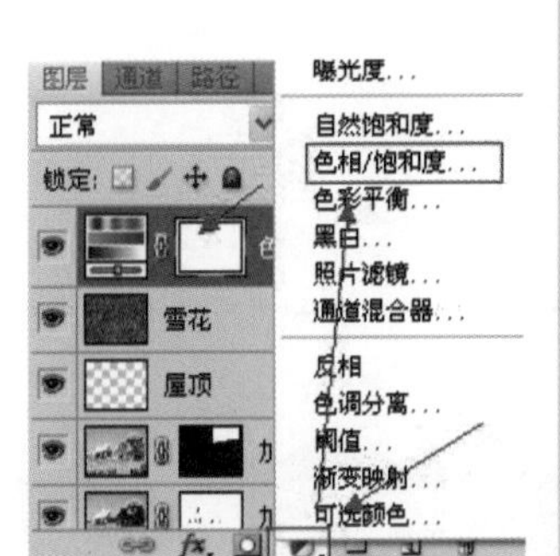

图8-39　创建调整图层

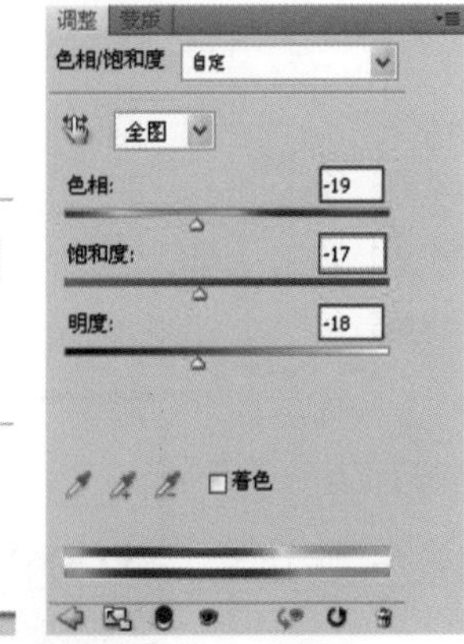

图8-40　参数调节

图8-41　效果

图8-42　自动色阶

8.4 拓展训练：打造超广角视觉风光

8.4.1 广角的功能及特点

广角功能是指广角镜头所具有的焦距短、视角大、对焦范围广、可以将距离感夸张化，从而在较短的拍摄距离范围内，能够拍摄到较大面积景物的特性。广角功能最大的特点就是可以拍摄广阔的范围，具有将距离感夸张化，对焦范围广等拍摄特点。 使用广角时可将眼前的物体放得更大，将远处的物体缩得更小，四周的图像容易失真也是它的一大特点。广角还能使图像中的任意一点都调节到最适当的焦距，使得画面更加清晰，也可以称之为完全自动对焦。

8.4.2 广角的效果

广角镜头广泛用于大场面风景摄影作品的拍摄。在摄影创作中，使用广角镜头拍摄，能获得以下几个方面的效果。

① 能增加摄影画面的空间纵深感。

② 景深较长，能保证被摄主体的前后景物在画面上均可清晰地再现。所以，现代大多数的袖珍式自动照相机（俗称傻瓜照相机）采用35 ～ 38mm的普通广角镜头。

③ 镜头的涵盖面积大，拍摄的景物范围宽广。

④ 在相同的拍摄距离处所拍摄的景物比使用标准镜头所拍摄的景物在画面中的影像小。

⑤ 在画面中容易出现透视变形和影像畸变的缺陷，镜头的焦距越短，拍摄的距离越近，这种缺陷就越显著。

本章节将讲述如何“打造超广角视觉风光”即打造广角视觉效果，如图8-43左图所示为原素材图，右图为最终效果图，过程如图8-44所示。

图8–43　效果对比

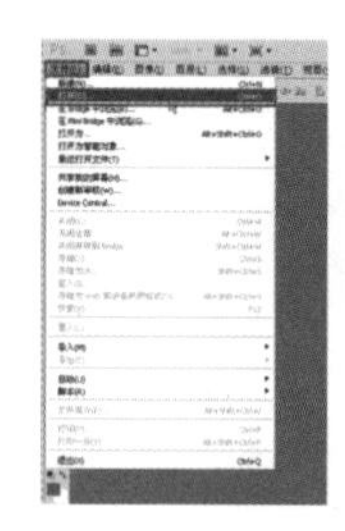

图8–44　步骤图

8.4.3 打开图像并复制图层

① 运行Photoshop CS5软件，执行“文件”/“打开”（快捷键Crtl+O）命令，如图8-45所示。在弹出的“打开”对话框中将素材文件选中并单击“打开”，如图8-46所示。返回工作区，如图8-47所示。

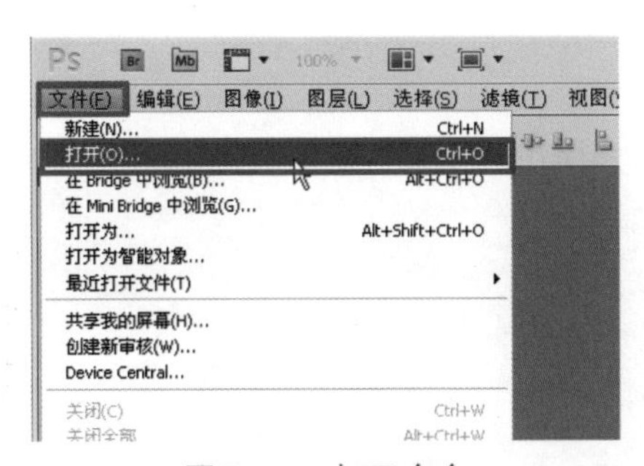

图8-45 打开命令

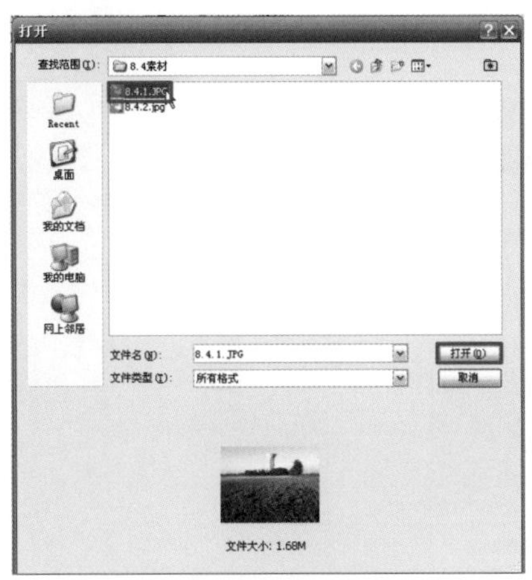

图8-46 打开对话框

图8-47 工作区

② 在图层面板中选择“背景”图层，如图8-48所示。按下快捷键Crtl+J进行复制，出现新的“图层1”，如图8-49所示。

图8-48 选择图层

图8-49 复制图层

8.4.4 广角化处理

① 执行“编辑”/“自由变换”（快捷键Crtl+T）命令，如图8-50所示。在图像上点击鼠标右键，在弹出的菜单中选择“透视”命

令，如图8-51所示。然后用鼠标拖动图像上方的调整点，调整到如图8-52所示位置，并双击图像进行确定。

图8–50　自由变换

图8–51　透视效果

图8–52　变化点

② 在工具箱中选择“移动工具”，将整个画面向下微调，调整至与“背景”层图像有所重叠，如图8-53所示。在图层面板中，点击“添加图层蒙版”按钮，如图8-54所示。

③ 在工具箱中选择“画笔工具”，并设置其前景色为“黑色”，在属性栏中设置其不透明度为“70%”，如图8-55所示。将画面“穿帮”处进行涂抹修补，结合左右中括号键设置画笔大小，如图8-56所示。效果蒙版如图8-57所示。

图8-53　重叠效果

图8-54　添加蒙版

图8-55　调节不透明度

图8-56　修补操作

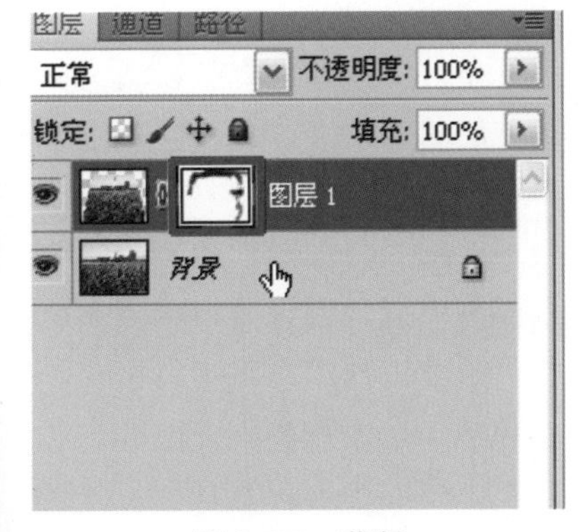

图8-57　蒙版

8.4.5　整体画面修缮

① 执行“图像”/“调整”/“HDR色调”命令，如图8-58所示。在弹出的“脚本警告”中点击“是”继续，如图8-59所示。在弹出的“HDR色调”对话款中设置边缘光为“500像素”，强度为“1”，设置色调和细节中，灰度系数为“1.00”，曝光度为“0”，细节为“+80%”，阴影为“+30%”，高光为“0”，设置颜色自然饱和度为“+32%”，饱和度为“+20%”，如图8-60所示。点击“确定”返回，如图8-61所示。

图8-58　HDR色调

图8-59　合并文档

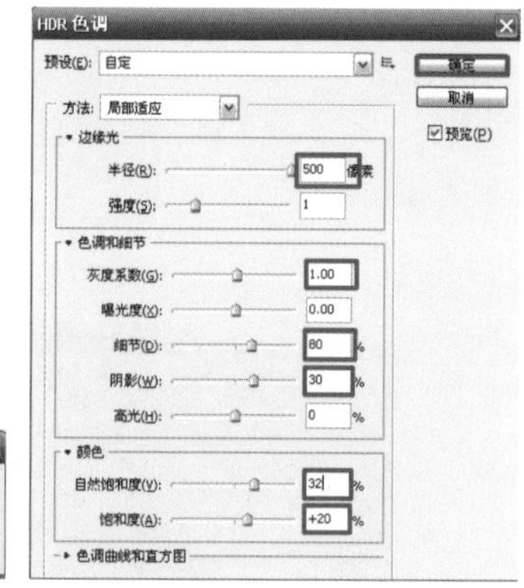

图8-60　色调调节

图8-61　效果

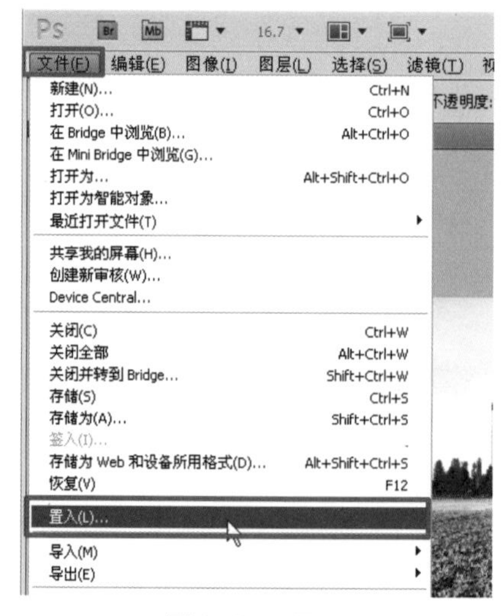

图8-63　置入

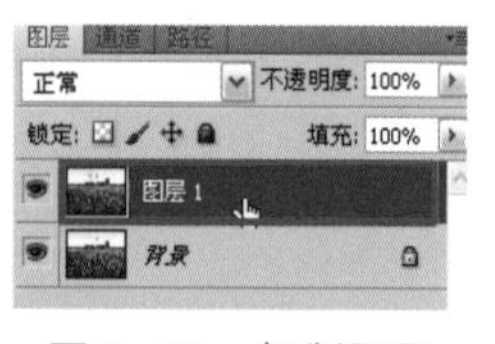

图8-62　复制图层

② 在图层面板中，选中“背景”图层，按下快捷键Crtl+J复制一层，在选中“图层1”，如图8-62所示。执行“文件”/“置入”命令，如图8-63所示。在弹出的“置入”对话框中将素材文件选中，如图8-64所示。点击“置入”返回，如图8-65所示。在工具箱中选择“移动工具”将图层“8.4.2”上移至天空的位置，如图8-66所示。继续在图像上点击

鼠标左键，在弹出的菜单中选择“透视”，拖动图像下方调整点，往中间拖动，如图8-67所示。再点击鼠标左键，在弹出的菜单中选择“扭曲”，拖动调整点，使图像形成如图8-68所示形状。继续点击鼠标左键选择“缩放”，将图像放大填满天空部分，如图8-69所示。并双击图像“确认”返回，如图8-70所示。

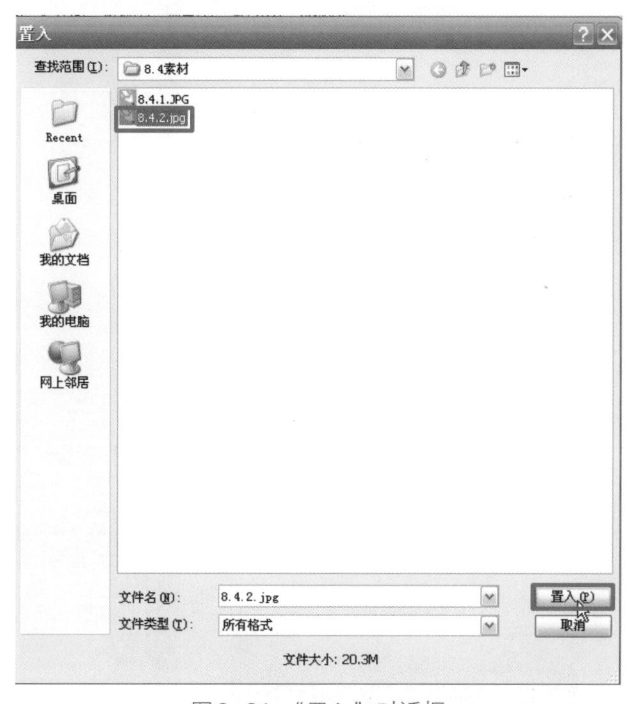

图8-64 “置入”对话框

图8-65 置入素材

图8-66 调节位置

图8-67 透视变换

图8-68 “扭曲”命令

图8–69　图像缩放

图8–70　效果

③ 在图层面板中点击“添加图层蒙版”图标，给置入的素材添加蒙版，如图8-71所示。在工具箱中选择“渐变工具”，设置前景色为“白色”，背景色为“黑色”，然后点击鼠标左键从图像上方往下拖，如图8-72所示。在从工具箱中选择“画笔工具”，设置前景色为“黑色”，在属性栏设置其不透明度为“70%”，将图像中的景物擦干净以免被天空盖过，如图8-73所示。最终完成效果如图8-74所示。

图8–71　添加蒙版

图8-72　修复（一）

图8-73　修复（二）

图8-74　效果图

8.5 高级技巧：气候转换——打造下雨效果

本教程学习如何用Photoshop CS5打造逼真的下雨场景，主要用到了笔刷、滤镜和图层模式，我们在平常设计广告的时候经常会遇到这样的效果，通过学习本教程希望能对您有所启发。图8-75左图为原素材图，右图为案例的最终效果，过程图如图8-76所示。

图8–75　效果对比图

图8–76　过程图

8.5.1 打开照片并复制图层

① 运行Photoshop CS5软件，执行“文件”/“打开”（快捷键Crtl+O）命令，如图8-77所示。在弹出的“打开”对话框中素材文件选中并单击“打开”，如图8-78所示。返回工作区，如图8-79所示。

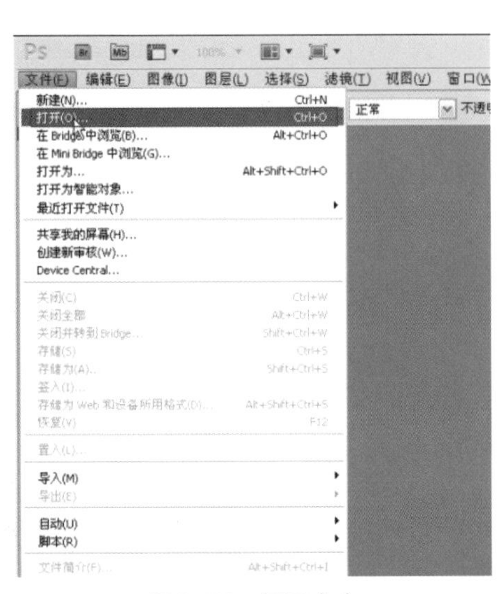

图8-77 打开命令

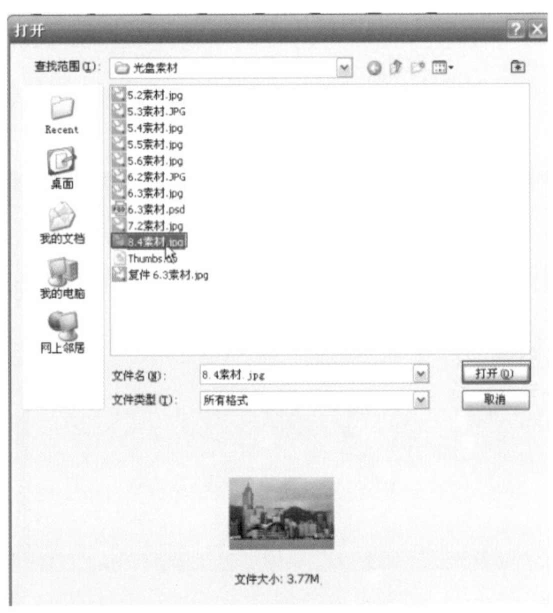

图8-78 “打开”对话框

图8-79 工作区

② 在图层面板中单击选中“背景”图层，如图8-80所示，按下快捷键Crtl+J对其进行复制，以方便不破坏原有图层。在图层面板中单击选中刚刚新建的“图层1”，如图8-81所示。

图8-80　选择图层

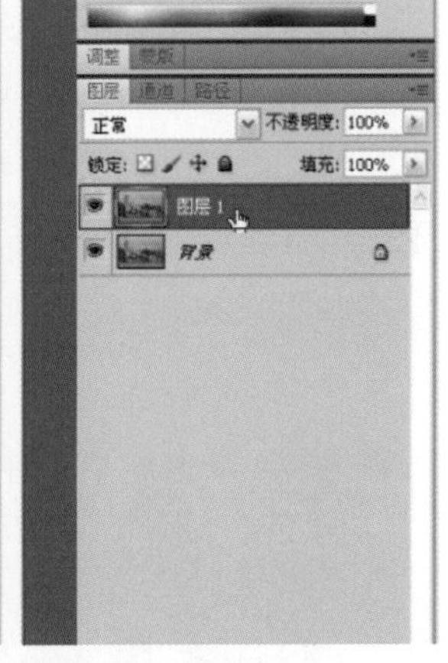

图8-81　复制图层

8.5.2 使用滤镜打造下雨效果

① 执行“滤镜”/“像素化”/“点状化”命令，在弹出的“点状化”对话框中设置，单元格大小为“7”，如图8-82所示。点击确定返回工作区，如图8-83所示。

② 执行“图像”/“调整”/“阈值”命令，在弹出的“阈值”对话框中设置阈值色阶为“163”，如图8-84所示。点击确定返回工作区，如图8-85所示。

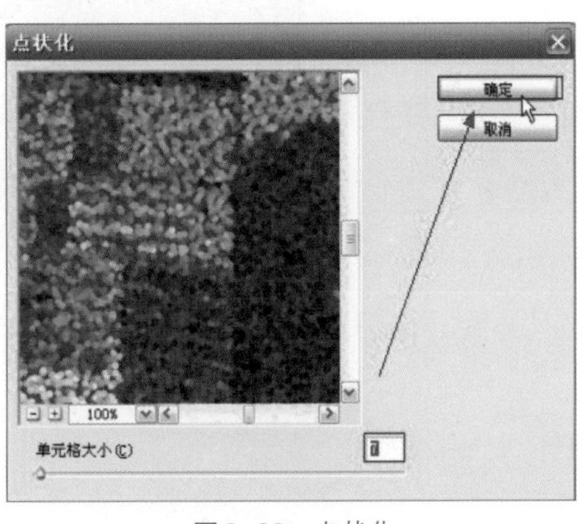

图8-82　点状化

图8-83　点状化效果

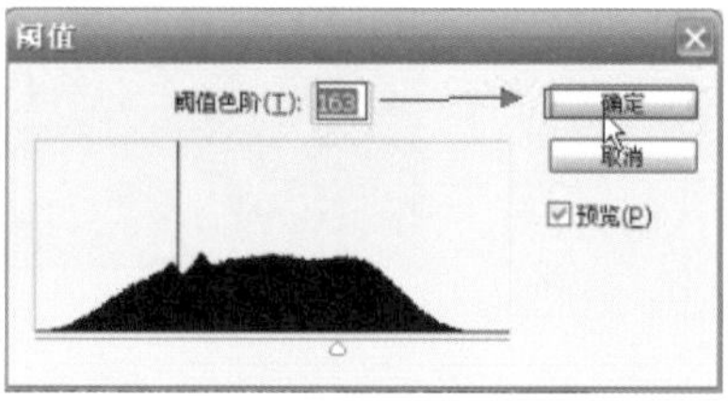

阈值
阈值色阶(T):
确定
取消
预览(P)

图8-84　阈值

图8-85　阈值效果

③ 在图层面板中，选中“图层1”，改变其图层混合模式为“滤色”，如图8-86所示。

④ 执行“滤镜”/“模糊”/“动感模糊”命令，在弹出的“动感模糊”对话框中设置角度为“-78”度，距离为“71”像素，如图8-87所示。点击确定返回工作区，如图8-88所示。

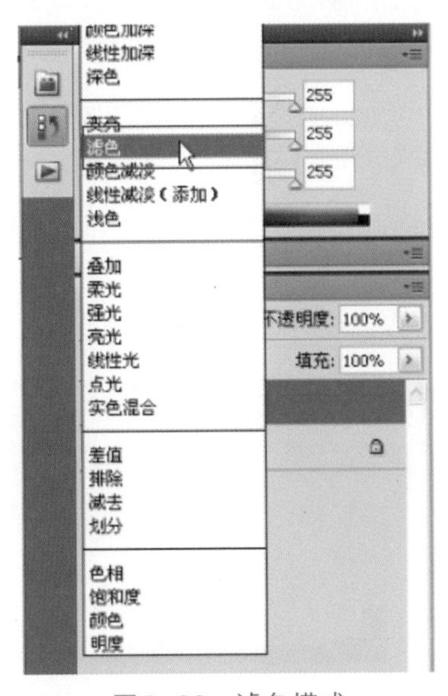

图8-86　滤色模式

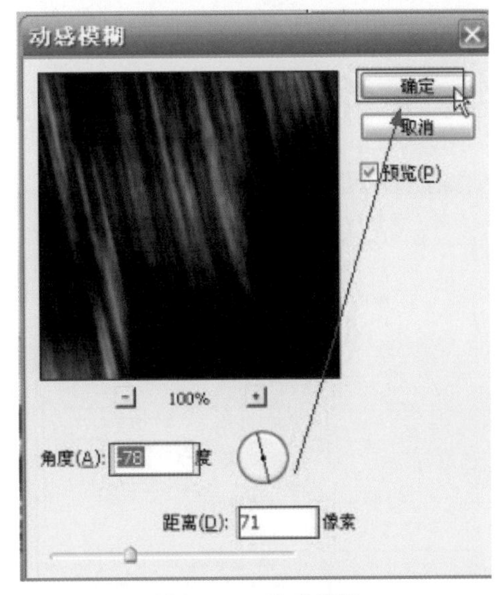

图8-87　动感模糊

图8-88　动感模糊效果

8.5.3 渲染雨天环境

① 在图层面板中选中“图层1”，执行“图像”/“调整”/“色阶”命令（快捷键Crtl+L），如图8-89所示。在弹出的色阶对话框中设置色阶值为R：0，G：1，B：199，如图8-90所示。点击确定返回，如图8-91所示。

图8-89　色阶命令

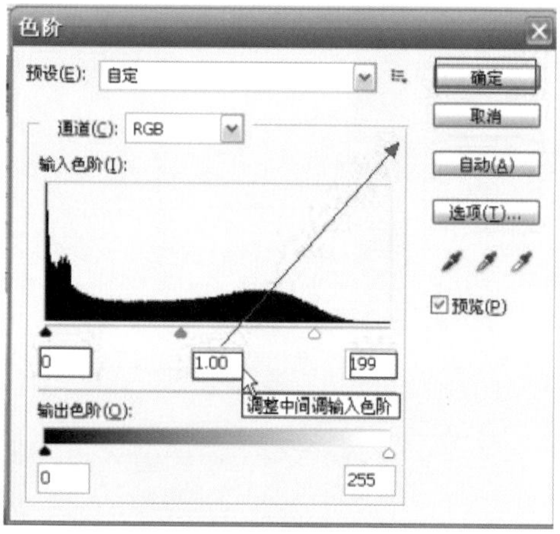

图8-90　色阶调节

图8-91　色阶效果

② 执行“图像”/“调整”/“色彩平衡”命令（快捷键Crtl+B），如图8-92所示。在弹出的色彩平衡对话框中设置色阶为-20，-11，+22，如图8-93所示。点击确定，返回工作区，如图8-94所示。

图8-92 色彩平衡命令

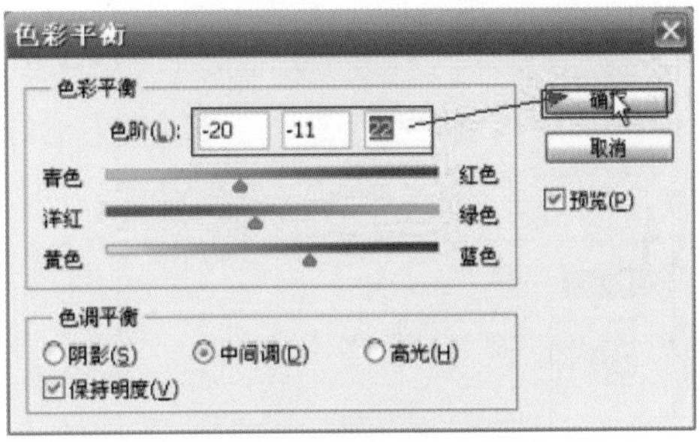

色彩平衡
色彩平衡
色阶(L): -20 -11 22
青色 红色
洋红 绿色
黄色 蓝色
色调平衡
阴影(S) 中间调(D) 高光(H)
保持明度(V)
确定
取消
预览(P)

图8-93 色彩平衡调节

图8-94 色彩平衡效果

图8-95 滤色模式

③ 在图层面板中选中“图层1”，将其不透明度设置为“75%”，同时将图层混合模式改为“滤色”，如图8-95所示。

④ 在图层面板中点击“创建新图层”按钮，如图8-96所示，并选择新建的“图层2”。

⑤ 在工具箱中选择“渐变工具”，再点击如图8-97所示区域弹出“渐变编辑器”，点选“中灰密度”的预设，如图8-98所示。点击确定返回，如图8-99所示。

⑥ 使用“渐变工具”在图像上从上往下拉，如图8-100所示。绘制出如图8-101所示的图层效果。

图8-96 创建新图层

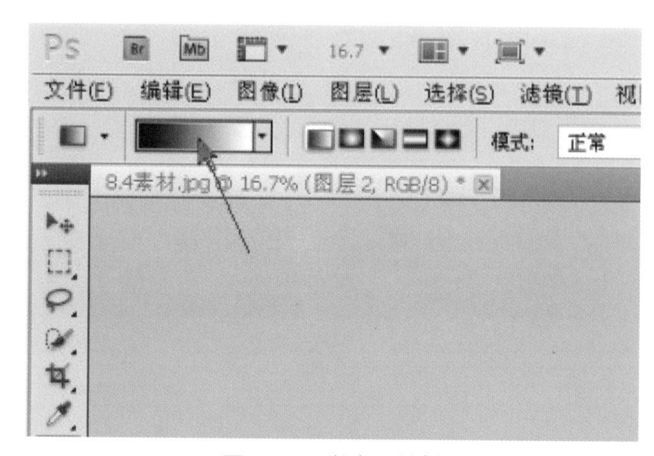

图8-97 渐变属性栏

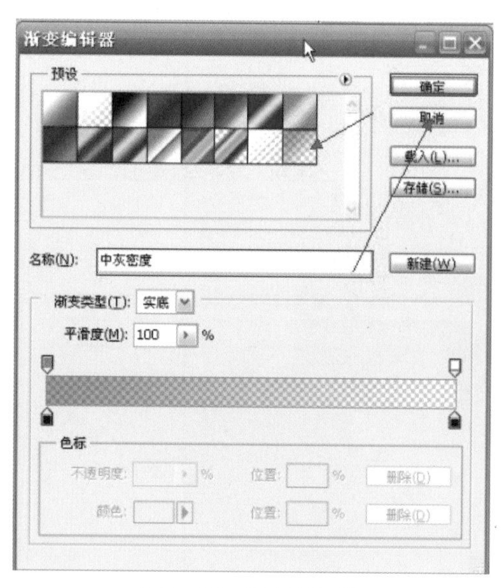

图8-98 渐变编辑器

图8-99 渐变效果

图8-100　渐变填充

图8-101　渐变效果

⑦ 在图层面板中选择“图层1”，执行“图像”/“调整”/“曲线”命令（快捷键Crtl+M），在弹出的曲线对话框中，对曲线进行如图8-102所示的调整，对画面进行微亮处理，最终效果如图8-103所示。

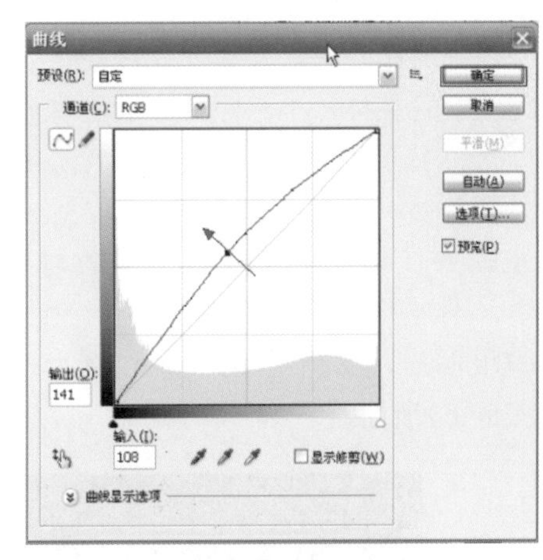

图8-102　曲线调节

图8-103　最终效果

8.6 高级技巧：打造高质量HDR风光图

8.6.1 关于HDR

HDR是英文High Dynamic Range（高动态范围）的缩写。在大光比环境下拍摄，普通相机因受到动态范围的限制，不能纪录极端亮或者暗的细节。经HDR程序处理的照片，即使在大光比情况拍摄下，无论高光、暗位都能够获得比普通照片更佳的层次。

8.6.2 为HDR的后期准备

软件合拼，这个方法虽然较为麻烦，不过效果也最为显著。大家拍摄时，先用三脚架固定位置，然后以包围曝光拍摄3至5张照片，例如拍摄一套-2EV、-1EV、0EV、+1EV、+2EV的照片，作为制作HDR的材料。一些较新版本的软件，更可提供自动影像对正功能，拍摄时就不一定要用三脚架固定。将这一系列照片输入之后，软件便能够自动找出最多层次的部分用作合并，在大光比环境下也可拍出有足够层次的照片。不过这个方法不能够适用于移动中的主体，不然照片亦会出现残影。

如果真的要对动态主体进行HDR，方法是只拍摄一张RAW照片用作HDR制作。大家只要拍摄一张曝光正常的RAW格式照片，利用RAW处理软件将同一张照片输出至-1EV、0EV、+1EV 三个JPEG文件，就可以用HDR软件将三个文件合并。这个方法用起来十分方便，不过照片的噪点会较多。本章节将会讲解如何利用功能强大的Photoshop CS5来制作HDR图片，如图8-104所示左图为原效果的几张图片，右图为合成的HDR图片，过程图如图8-105所示。

图8-104　素材与效果图

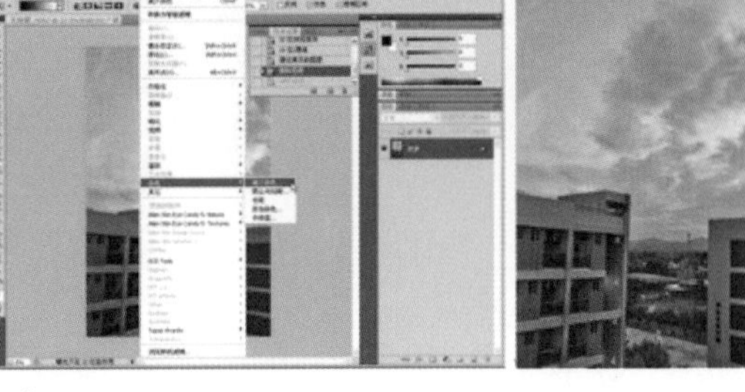

图8-105　过程图

8.6.3　合并到HDR Pro

① 运行Photoshop CS5软件，执行“文件”/“自动”/“合并到HDR Pro”命令，如图8-106所示。在弹出的“合并到HDR Pro”对话框中点击“浏览”，将素材文件选中并单击“确定”返回，如图8-107所示。在“合并到HDR Pro”对话框中继续点击“确定”如图8-108所示。这时会弹出如图8-109所示警告，点击“确定”继续。

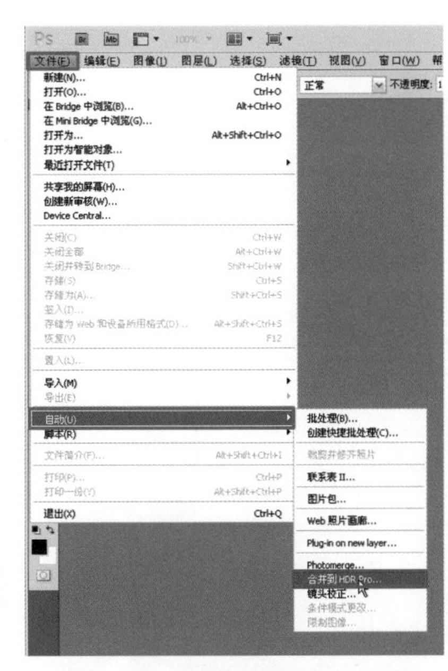

图8-106　合并到HDR Pro命令

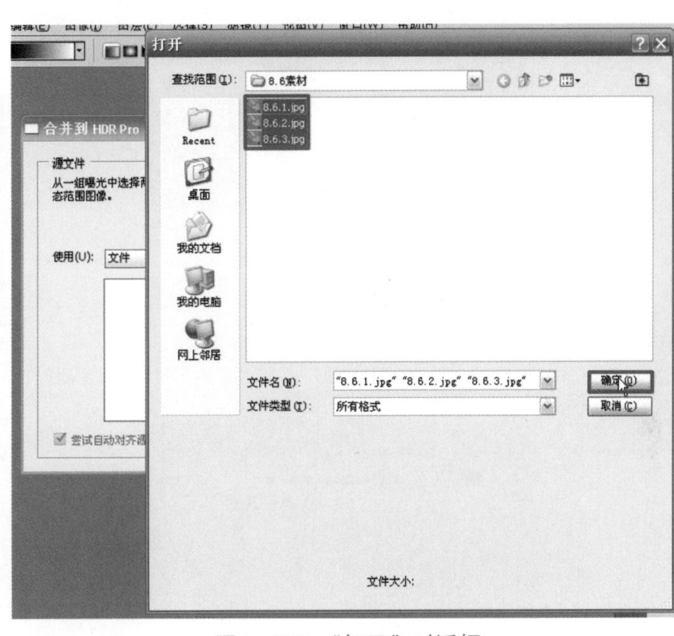

图8-107　“打开”对话框

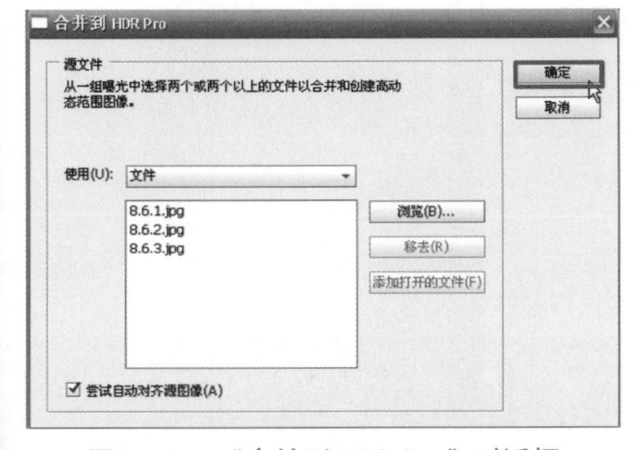

图8-108　“合并到HDR Pro”对话框

图8-109　警告语

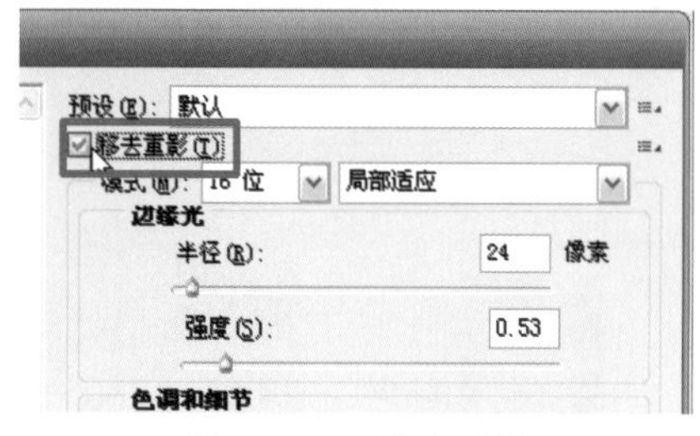

图8-110　移去重影

② 在调整“合并到HDR Pro”对话框中，勾选“移去重影”，如图8-110所示。在边缘光中设置半径为“320像素”，强度为“1”。在色调和细节中设置灰度系数为“0.75”，曝光度为“0”，细节为“90%”，阴影为“60%”，高光为“20%”。在颜色选项卡中设置自然饱和度为“50%”，饱和度为“0%”，如图8-111所示。点击“确定”返回工作区，如图8-112所示。

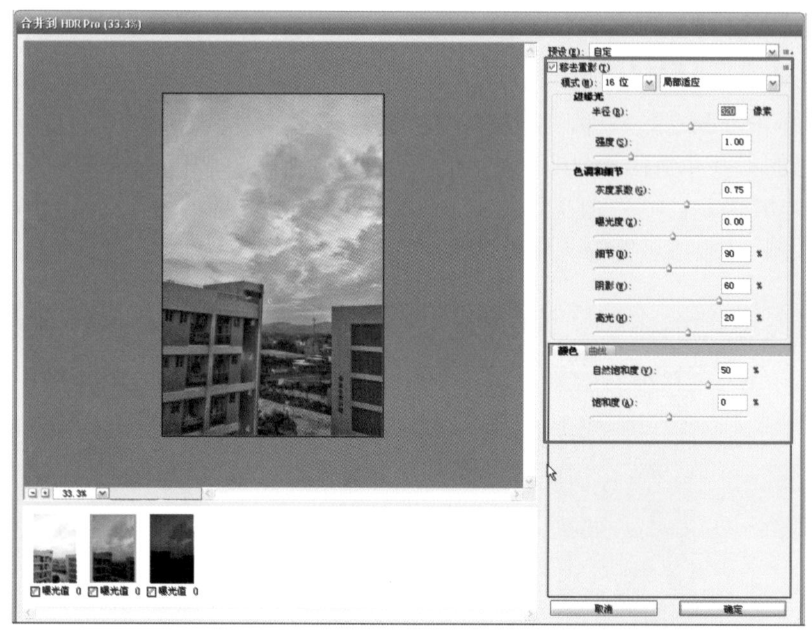

图8-111　参数设置

图8-112　效果

8.6.4 降噪处理及调色

① 执行“滤镜”/“杂色”/“减少杂色”命令，如图8-113所示。在弹出的“减少杂色”对话框中设置强度为“4”，保留细节为“30%”，减少杂色为“100%”，锐化细节为“10%”，并勾选“移去JPEG不自然感”，如图8-114所示。点击“确定”返回工作区。

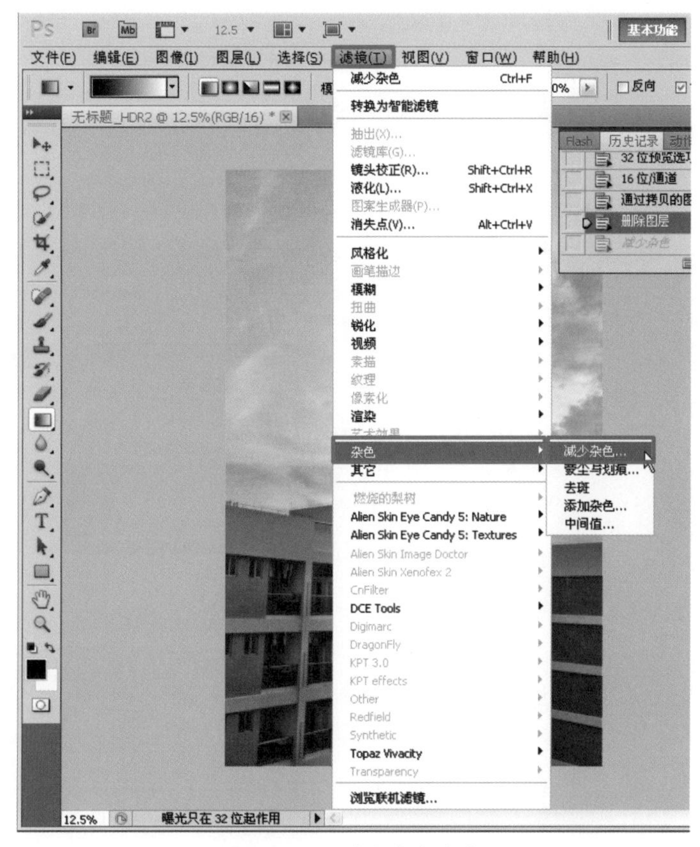

图8-113 减少杂色命令

图8-114 参数设置

② 在图层面板中，点击“创建新的填充或调整图层”，在弹出的菜单中选择“色阶”命令，如图8-115所示。在调整色阶的面板中选择“设置灰场”工具，如图8-116所示。然后在图像中寻找比较接近灰色的区域进行选区，如图8-117所示。在从图层面板中点击“色阶1”图层的蒙版，如图8-118所示。在工具箱中选择“渐变工具”，并设置好前景色为“白色”，背景色为“黑色”，如图8-119所示。然后使用“渐变工具”在图像上从下往上拉动，如图8-120所示。最终完成效果如图8-121所示。

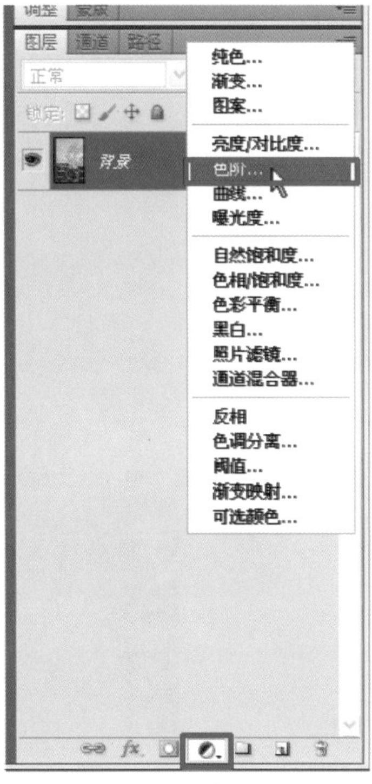

图8-115　创建调整图层

图8-116　设置灰场

图8-117　调节色阶

图8-118　调整图层

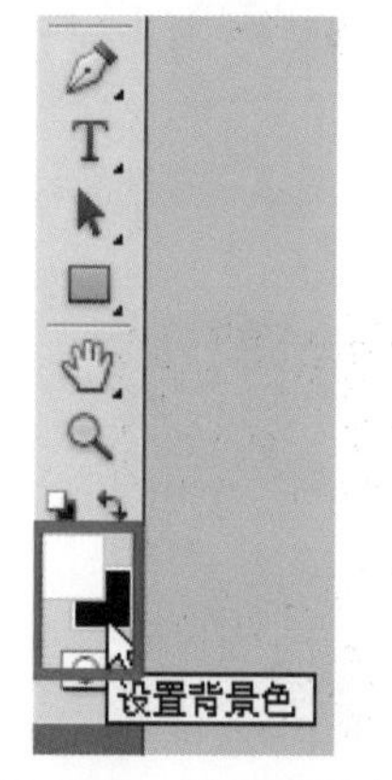

图8–119　设置背景色

图8–120　渐变填充

图8–121　最终效果

8.7 高级技巧：制作全景风光照片

8.7.1 全景定义

360度全景图也称为三维全景图、全景环视图。360度全景技术是一种运用数码相机对现有场景进行多角度环视拍摄之后，再利用计算机进行后期缝合，并加载播放程序来完成的一种三维虚拟展示技术。 360度全景相片有三种风景型（圆柱型、立方体型、球型）和一种对象型（也称物体型）。

8.7.2 全景图的拍摄

圆柱型360度全景是采用相对比较简单的360度全景摄影方式。如果没有专门用于拍摄360度全景的摄影设备，可以利用普通数码相机，拍摄场景分段相片，然后再利用计算机进行后期拼接、缝合即可。场景分段拍摄时，保持相机水平，从左到右（也可以从右到左，但是给后期相片排序带来不便）拍摄至少8张以上的相片，并且在相邻的相片中，要相互有1/4 ～ 1/3重叠的图像部分。

知道了360度全景图的拍摄，那么本章节将介绍后期如何处理全景图，如图8-122所示左图为拍摄的图片，右图为合成的全景图。过程图如图8-123所示。

图8–122　效果对比

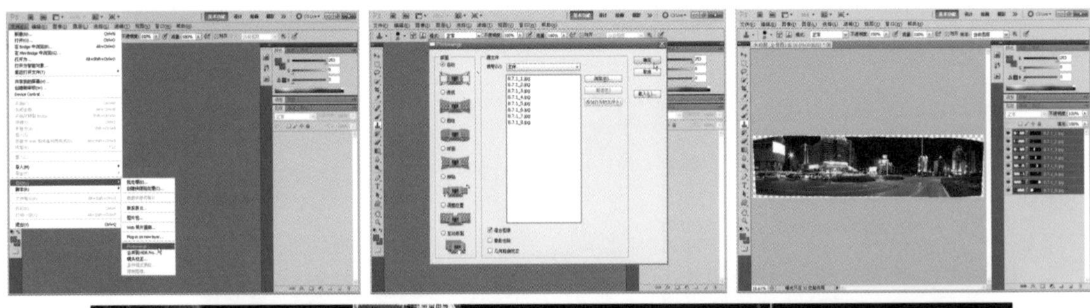

图8–123　过程图

8.7.3 Photomerge命令合成图片

① 运行Photoshop CS5软件，执行“文件”/“自动”/“Photomerge”命令，如图8-124所示。在弹出的“Photomerge”对话框中点击“浏览”，如图8-125所示。在弹出的“浏览”对话框中将素材文件打开，如图8-126所示，点击“确定”返回，在“Photomerge”对话框中设置版面为“自动”，勾选“混合图像”，如图8-127所示。点击“确定”返回工作区，得到合成的图像如图8-128所示。

② 在工具箱中选择“裁剪工具”，对画面进行裁剪，裁剪时注意避免裁剪到太多空白区域，如图8-129所示裁剪。鼠标双击左键确定，并得到裁剪后的图像，如图8-130所示。

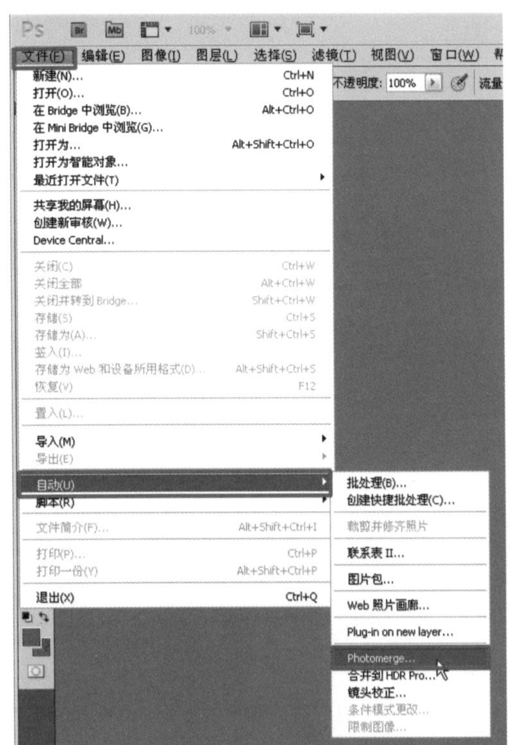

图8–124　Photomerge命令

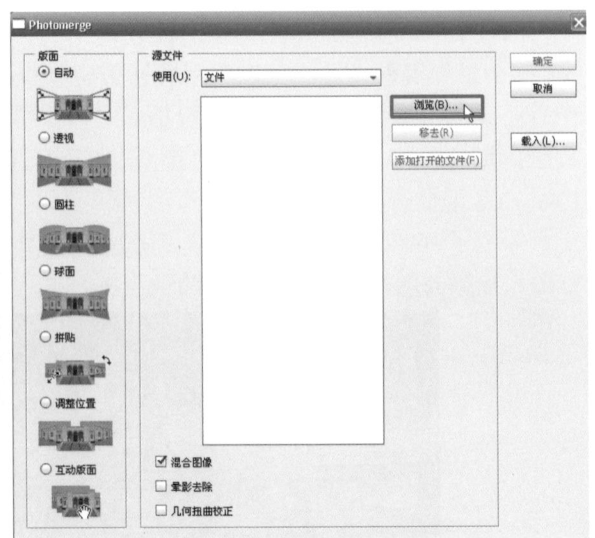

图8–125　“Photomerge”对话框

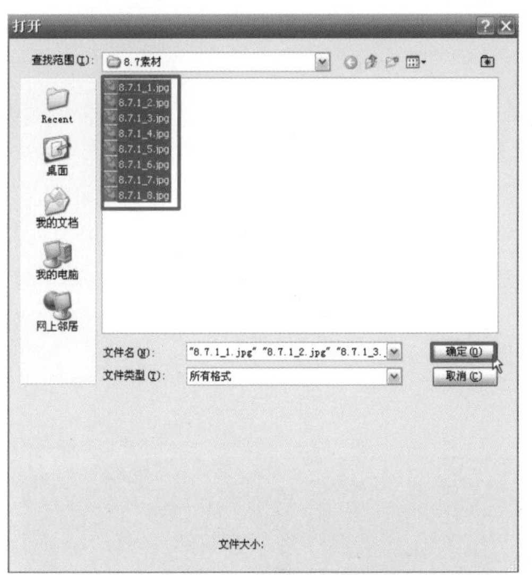

图8-126 “打开”对话框

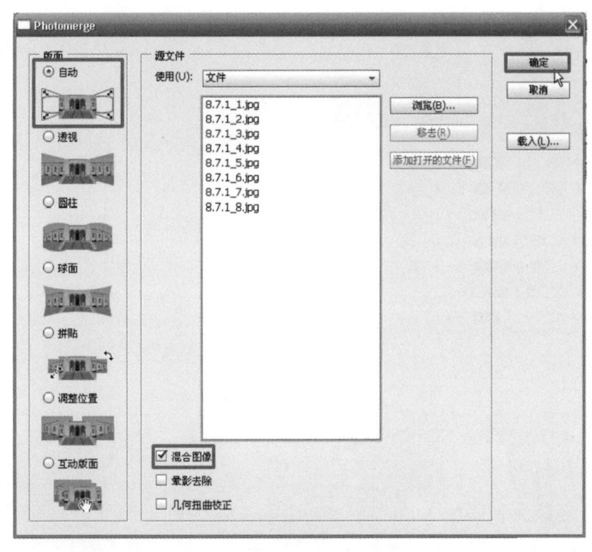

图8-127 选择“自动”

图8-128 合成效果

图8-129 裁剪图像

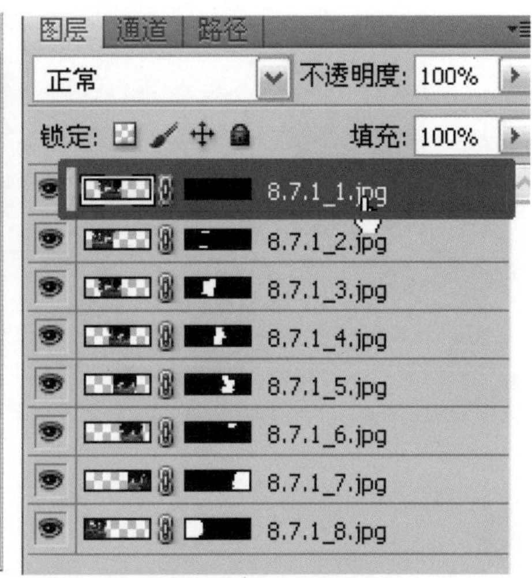

图8-130 图层效果

8.7.4 画面修缮

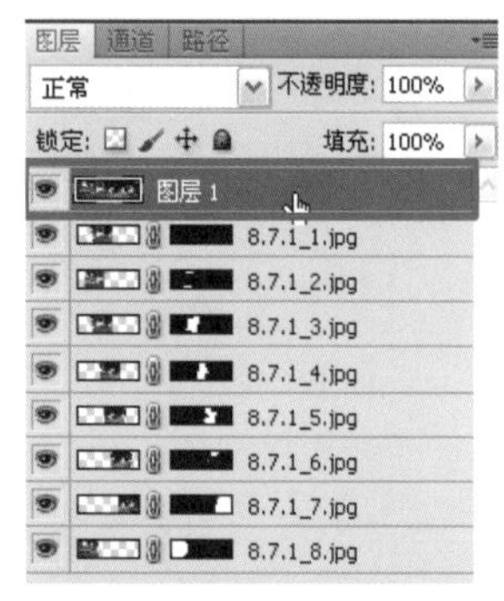

图8–131 选择图层

① 在图层面板中，选中最顶端的图层，如图8-131所示。按下快捷键Crtl+Alt+Shift+E盖印图层，如图8-132所示。

② 在图层面板中，选择“图层1”进行编辑，从工具箱中选择“仿制图章工具”，对画面的四个边角的空白部分进行填充，如图8-133所示四个边角。按住Alt键不放，在图像四个边角处空白处附近进行采样，如图8-134所示。然后在空白处进行填充，期间可反复进行重采样再进行填充。最终效果如图8-135所示。

图8–132 盖印图层

图8–133 仿制图章

图8-134　局部修复

图8-135　最终效果

9

完美修饰——艺术风格篇

9.1 常见艺术摄影风格

艺术摄影艺术自诞生以来，在世界各国出现了各种不同的风格和流派，主要有如下几种。

绘画主义摄影，从 19 世纪中叶起源于英国，很快传至世界各国，成为摄影艺术史上最早形成、影响最广的一个流派，它在创作上追求绘画效果，作品形式从构图布局到用光影调都有极其严谨的法则，该派曾风行一时。

纪实主义摄影，至今仍是摄影艺术中最重要的一个流派，该派从照相机能还原客观事物形貌的特点出发，强调摄影的纪实性，注重直接而逼真地再现客观现实生活，崇尚质朴无华的艺术风格。

印象主义摄影，它是美术上印象主义思潮在摄影艺术领域的反映，主张摄影艺术应当表现摄影者的瞬间印象和独特感受，讲究形式美和装饰性，追求在摄影作品中达到一种朦胧模糊的画意效果，尤其注重色彩与光线的表现。

超现实主义摄影，是现代主义摄影流派之一，其美学思想与超现实主义绘画基本相同，在创作时常利用剪贴和暗房技术为主要的造型手段，采用叠印叠放、多重曝光、怪诞变形、任意夸张等手法，将“超现实的神秘世界”作为表现对象。除此之外，西方现代派摄影还有抽象派摄影、前卫派摄影等。

9.2 实例应用：淋漓尽致——水彩风格照片

9.2.1 什么是水彩画

水彩画是用水调和透明颜料做画的一种绘画方法，简称水彩，由于色彩透明，一层颜色覆盖另一层可以产生特殊的效果，但调和颜色过多或覆盖过多会使色彩肮脏，水干燥得快，所以水彩画不适宜制作大幅作品，适合制作风景等清新明快的小幅画作。水彩画携带方便，也可作为速写，搜集素材用。本例使用Photoshop软件使一张风景照片变成一张水彩画，原图如图9-1左图，右图为效果图。过程如图9-2所示。

图9–1　效果对比

图9-2　过程图

9.2.2 基本操作与调整

① 运行Photoshop CS5软件，执行“文件”/“打开”（快捷键Crtl+O）命令，在弹出的“打开”对话框中将素材文件选中并单击“打开”返回工作区，如图9-3所示。

② 在图层面板上双击背景图层缩览图，弹出“新建图层”对话框，并单击“确定”按钮，将背景图层转换成普通图层0，如图9-4所示。

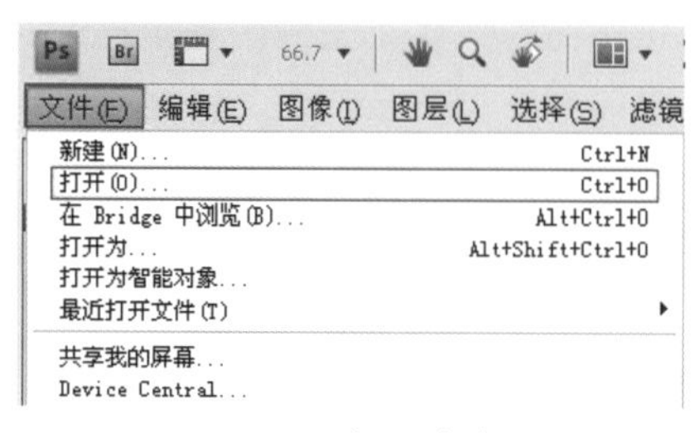

图9-3　打开命令

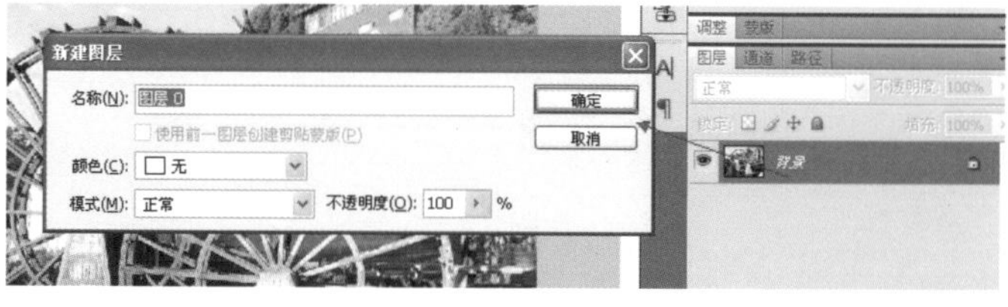

图9-4　转换图层

③ 在图层面板上选择“图层0”，按快捷键Ctrl+J复制一层得到图层“图层0副本”，更名为“模糊层”，选择该图层，执行菜单命令：“滤镜”/“模糊”/“特殊模糊”，设置半径为“10”，阈值为“30”，品质为高，然后单击“确定”按钮确定，如图9-5所示，对图像的细节效果模糊化，效果如图9-6所示。

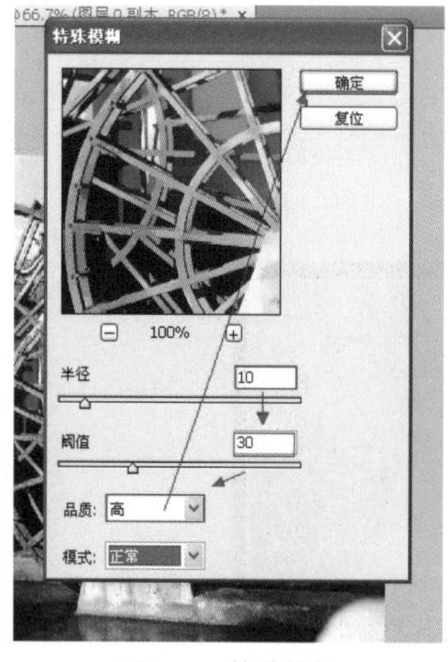

图9-5　特殊模糊

图9-6　特殊模糊效果

9.2.3 水彩风格细节的调整

① 在图层0上，按快捷键Ctrl+J复制一层得到图层“图层0副本”，更名为“搭边层”并移至最顶层，执行菜单命令：“滤镜”/“风格化”/“照亮边缘”，具体参数如图9-7所示，提升图像的边缘的亮度，然后执行命令：“选择”/“反相”（快捷键为Ctrl + I），再执行命令：“图像”/“调整”/“去色”，如图9-8所示，完成后将图层混合模式设为“正片叠底”，不透明度为“80%”。效果如图9-9所示。

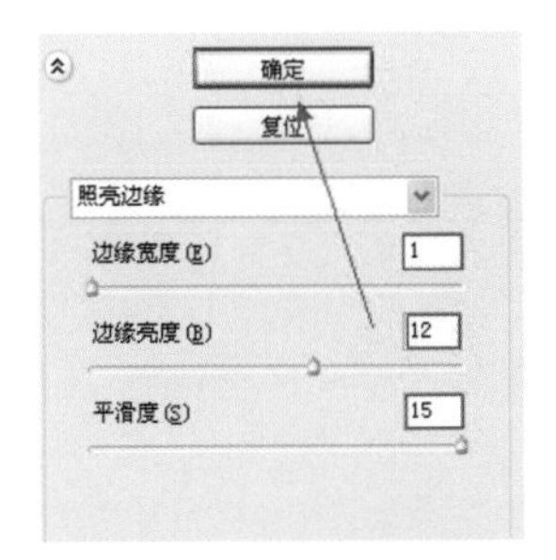

图9-7　照亮边缘

图9-8　调节透明度

图9-9　效果图

② 在模糊层上，按快捷键Ctrl+J复制一层得到图层“模糊层副本”，更名为“水彩层”，移至最顶层，执行命令：“选择”/“反相”（快捷键为Ctrl + I），将图层混合模式设为“颜色减淡”，点击增加图层蒙版，如图9-10所示，载入画笔笔刷，将笔刷不透明度设为“10%”，大小为“15px”，随意涂抹水彩层，再调整 不同的透明度与大小，产生不同的层次感，如图9-11所示，效果如图9-12所示。

图9-10　增加图层蒙版

图9-11　水彩层

图9-12　画面效果

③ 在图层0上，按快捷键Ctrl+J复制一层得到图层“图层0 副本”，更名为“细节层”，移至最顶层，执行菜单命令：“滤镜”/“艺术效果”/“水彩”，具体参数如图9-13所示，将图层混合模式设为“明度”，不透明度为“25%”，如图9-14所示，效果如图9-15所示。

④ 执行菜单“图像” / “调整” / “自动色阶”，为照片增加自动色阶效果，如图9-16所示，完成本例制作。

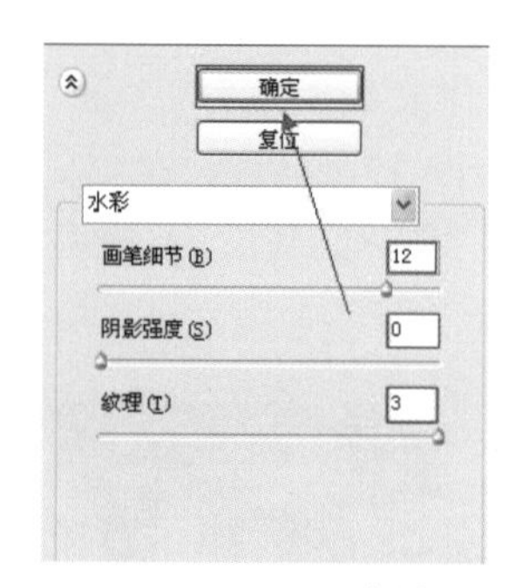

图9-13　调节参数

图9-14　设置模式及不透明度

图9-15　效果

图9-16　自动色阶效果

9.3 拓展训练：浪漫风格照片修饰

9.3.1　技术分析

打开照片原图，可以发现照片背景与主体人物关系生硬，缺少柔和的效果。本例学习如何调节具有浪漫风格的照片。原图如图9-17左图所示，效果图如图9-17右图所示，过程图如图9-18所示。

图9-17　效果对比

图9–18　过程图

9.3.2　基本操作与调整

① 运行Photoshop CS5软件，执行“文件”/“打开”（快捷键Crtl+O）命令，在弹出的“打开”对话框中将素材文件选中并单击“打开”返回工作区，如图9-19所示。

② 双击背景图层，在弹出对话框中单击“确定”按钮将背景图层转换成普通图层0，如图9-20所示。

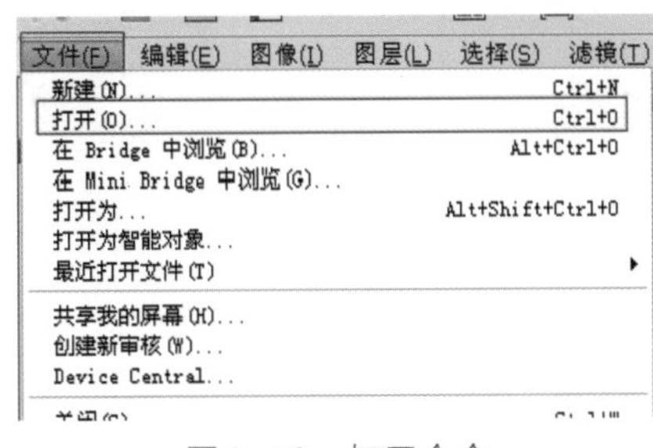

图9–19　打开命令

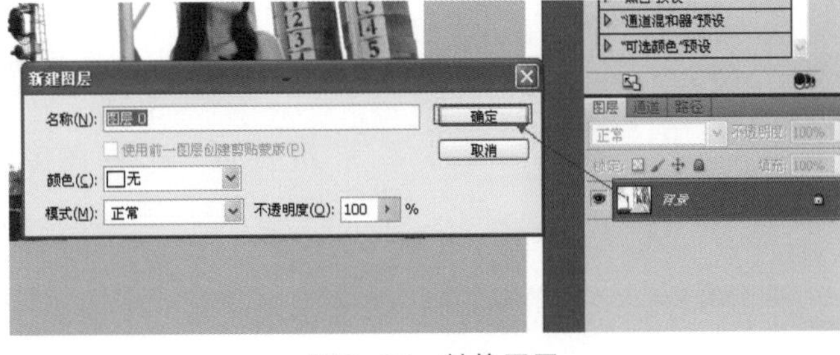

图9–20　转换图层

9.3.3　浪漫风格色度调整

① 点击创建新的填充或调整图层，添加一个色彩平衡调整层，如图9-21所示，这里要注意色调的中间调参数如图9-22所示，阴影参数如图9-23所示，最终效果如图9-24所示。

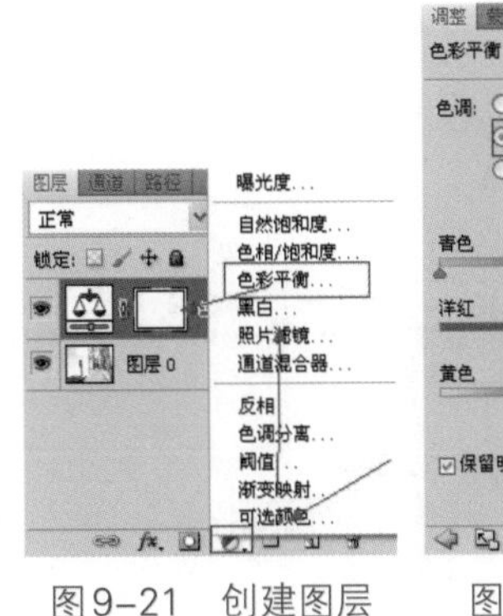

图9–21　创建图层　图9–22　中间调

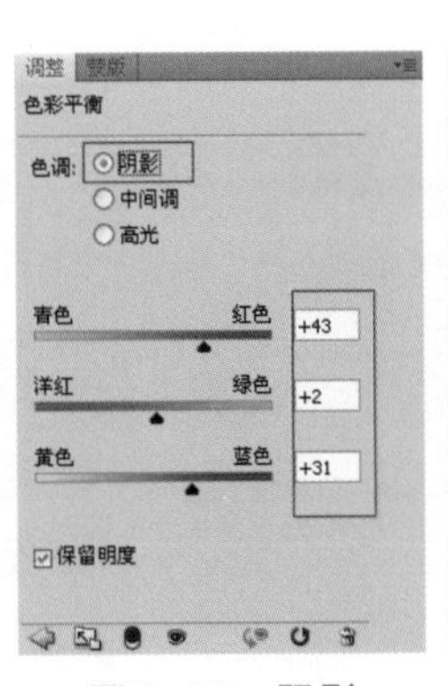

图9–23　阴影

图9–24　色彩平衡效果

② 在图层色彩平衡1上的蒙版，使用透明度100%的黑色画笔，将人物涂掉，如图9-25所示，效果如图9-26所示。

图9-25　修改蒙版

图9-26　效果

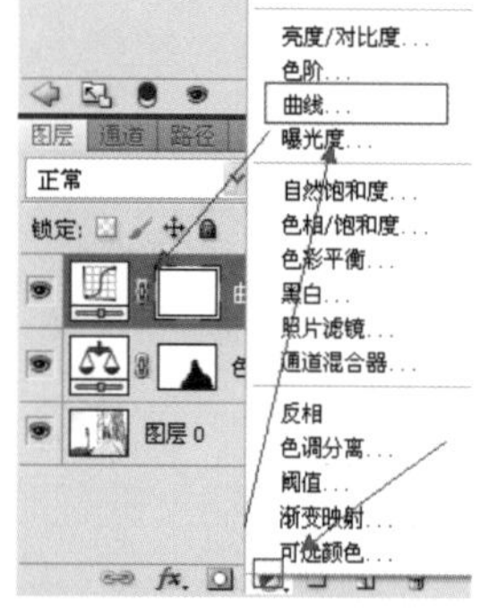

图9-27　创建曲线调整图层

③ 点击创建新的填充或调整图层，添加一个曲线调整层，如图9-27所示，同时这里也要注意不同的颜色通道，调整参数如图9-28所示，效果如图9-29所示。

④ 按住键盘Alt键，同时用鼠标点击图层“色彩平衡1”的蒙版层，拉到图层“曲线1”的蒙版层上并代替它，如图9-30所示。再次按住键盘Alt键，单击图层“曲线1”的蒙版层，单独显示蒙版层，执行快捷键Ctrl+I，进行反相，如图9-31所示，点击图层返回，效果如图9-32所示。

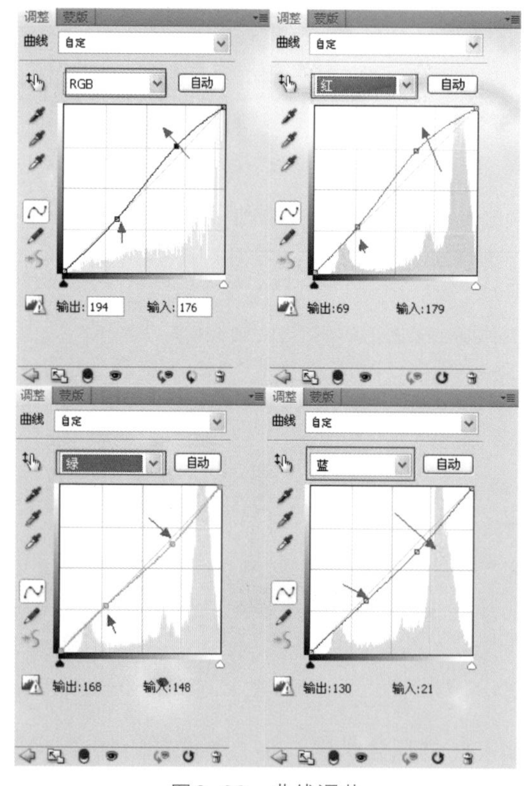

图9-28　曲线调节

图9-29　效果

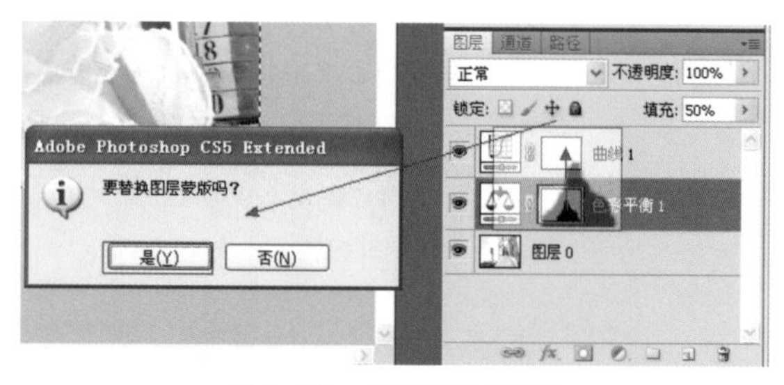

图9-30　替换图层蒙版

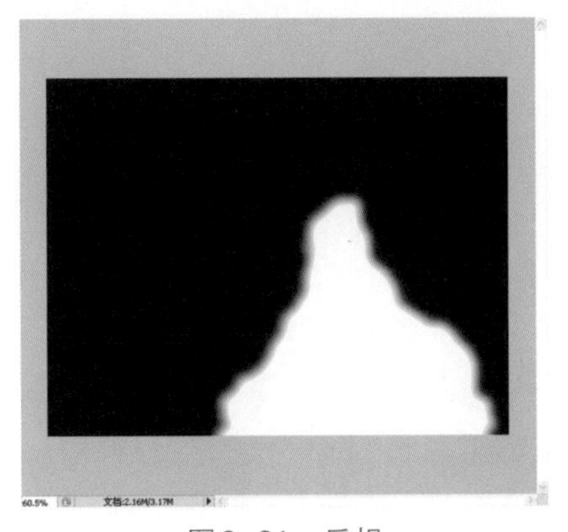

图9-31　反相

图9-32　效果

9.3.4　增加暗角

① 新建图层1，用套索工具（快捷键M）在图层中画一个不规则的圆圈，如图9-33所示，执行快捷键Shift+F6进行100个像素的羽化，如图9-34所示，然后执行快捷键Ctrl+Shift+I进行反选，选择颜色“#d5fdff”对所选图层进行填充，同时修改透明度为“40%”，如图9-35所示，效果如图9-36所示。

图9-33　选区

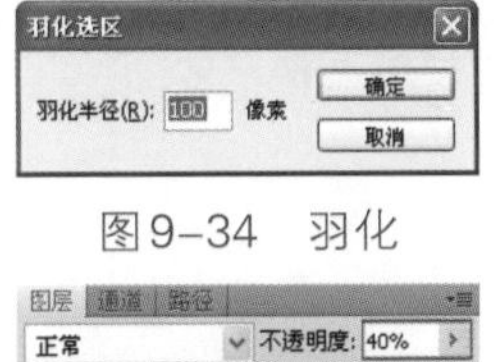

图9-34　羽化

图9-35　设置不透明度

图9-36　效果

② 新建图层2，在使用黑色转透明的渐变工具（快捷键G）拉出一点暗角，如图9-37所示的箭头，效果如图9-38所示。

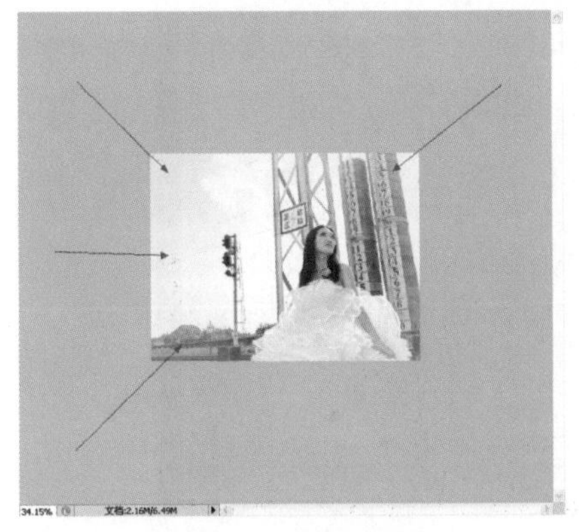

图9-37　渐变示意

图9-38　渐变效果

③ 本例到此完成，最终效果如图9-39所示。

图9-39　最终效果

9.4 高级技巧：永恒记忆——怀旧风格

9.4.1 关于怀旧风格

怀旧就是缅怀过去，怀念往事和故人，旧物、故人、老家和逝去的岁月都是怀旧最通用的题材。怀旧是一种情绪，它或许可以成为一种哲学，但它确实成了一种时尚。本例通过使用Photoshop中的滤镜和调色工具简单几步将这幅普通的照片制作成颓废怀旧的风格，给人一种迷惘的感觉。原图如图9-40左图所示，效果图如图9-40右图所示，过程图如图9-41所示。

图9-40　效果对比

图9-41　过程图

9.4.2 基本操作与调整

① 运行Photoshop CS5软件，执行“文件”/“打开”（快捷键Crtl+O）命令，在弹出的“打开”对话框中将素材文件选中并单击“打开”返回工作区，如图9-42所示。

② 双击背景图层，在弹出对话框中单击“确定”按钮将背景图层转换成普通图层0，如图9-43所示。

图9-42　打开命令

图9-43　转换图层

③ 在图层0上，按快捷键Ctrl+J复制一层得到图层“图层0副本”，更名为“图层1”，选择该图层，执行菜单命令：“滤镜”/“纹理”/“颗粒”，具体参数如图9-44所示，效果如图9-45所示。

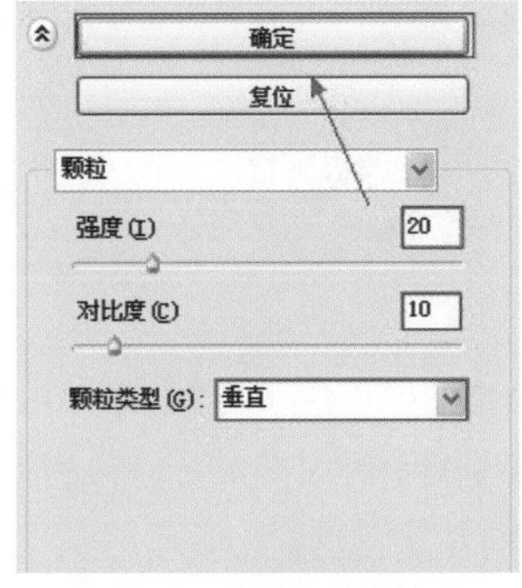

图9-44　颗粒参数设置

图9-45　颗粒效果

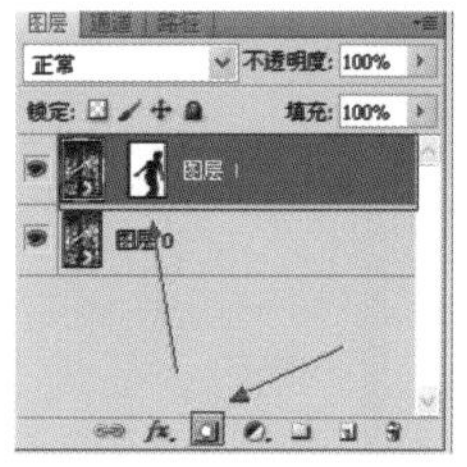

图9-46　添加蒙版

④ 为图层1添加图层蒙版，用黑色画笔在人物的身体上绘画，把人物的身体部分擦出来，如图9-46所示，效果如图9-47所示。

⑤ 由于图层1比较暗，下面创建新的填充或调整图层，添加一个曲线调整层，如图9-48所示，调整参数如图9-49所示，效果如图9-50所示。

图9-47　蒙版效果

图9-48　添加曲线调整层

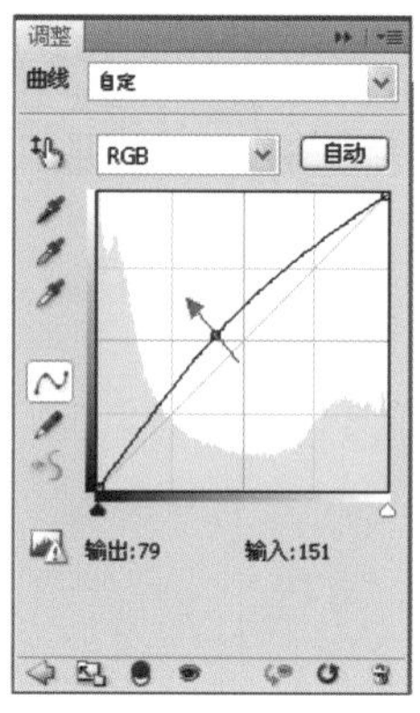

图9-49　调整曲线

图9-50　曲线效果

9.4.3 怀旧风格颜色的调整

① 点击创建新的填充或调整图层，添加一个色相/饱和度调整层，如图9-51所示，调整参数如图9-52所示，效果如图9-53所示。

图9-51　创建调整层

图9-52　调整参数

图9-53　效果

图9-54　添加通道混合器调整层

② 点击创建新的填充或调整图层，添加一个通道混合器调整层，如图9-54所示，调整蓝通道的参数，如图9-55所示，效果如图9-56所示。

③ 怀旧效果基本已经达到了，再增加一点暗角的修饰，新建空白图层2，选择工具箱中的渐变工具，选择透明渐变方式，如图9-57所示，然后按照图9-58前头所示拉出暗角效果，效果如图9-59所示。

④ 本例到此完成，最终效果如图9-60所示。

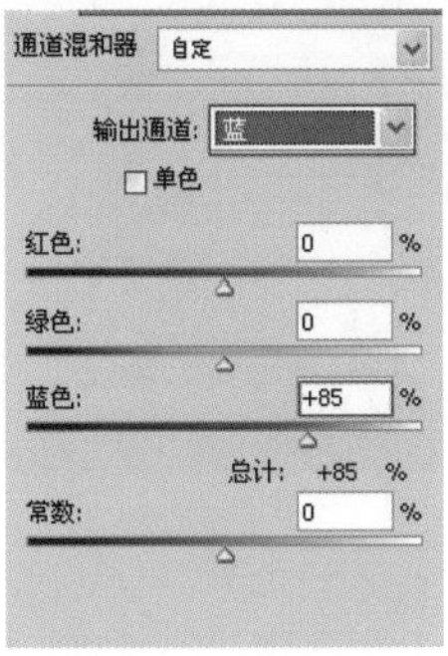

通道混和器 自定
输出通道: 蓝
单色
红色: 0 %
绿色: 0 %
蓝色: +85 %
总计: +85 %
常数: 0 %

图9-55　参数调整

图9-56　效果

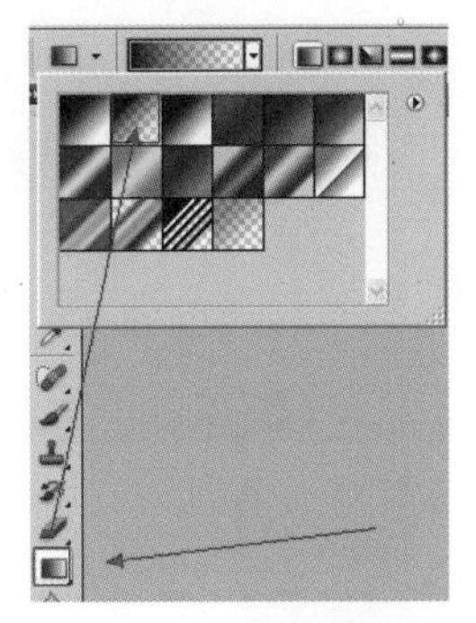

图9-57　设置渐变

图9-58　渐变示意

图9-59　渐变效果

图9-60　最终效果

9.5 实例应用：暗角艺术——给照片添加暗角

9.5.1 案例分析

使用暗角的表现方法与LOMO风格有相通之处，也是照片怀旧风格中常用的表现手法。对于影调比较平淡的片子，适当做一点暗角晕影，可以有效地丰富照片的层次感，有效地引导读者视觉集中到中央主体，这对于突出表现主体是有好处的。暗角现象在有些时候很别扭，但在有些时候又是很有必要的。这要根据实际情况而定，用好暗角，会使得照片看起来很艺术。本例原图如图9-61左图所示，效果图如图9-61右图所示，过程图如图9-62所示。

图9-61　效果对比图

图9-62　过程图

9.5.2　基本操作与调整

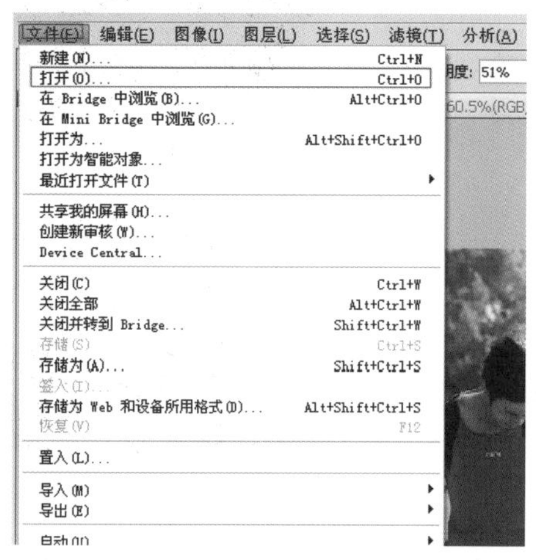

图9-63　打开命令

① 运行Photoshop CS5软件，执行“文件”/“打开”（快捷键Crtl+O）命令，在弹出的“打开”对话框中将素材文件选中并单击“打开”返回工作区，如图9-63所示。

② 双击背景图层，在弹出对话框中单击“确定”按钮，将背景图层转换成普通图层0，如图9-64所示。

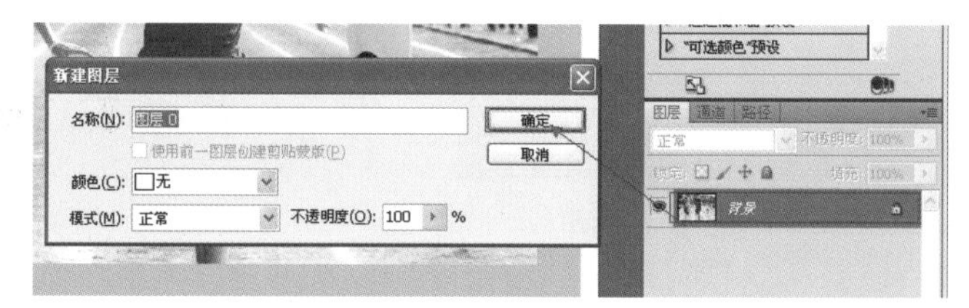

图9-64　转换图层

9.5.3　处理暗角前的调色

① 在图层0上，点击创建新的填充或调整图层，添加一个自然饱和度调整层，如图9-65所示，调整参数如图9-66所示，同时使用画笔工具将人物涂掉，效果如图9-67所示。

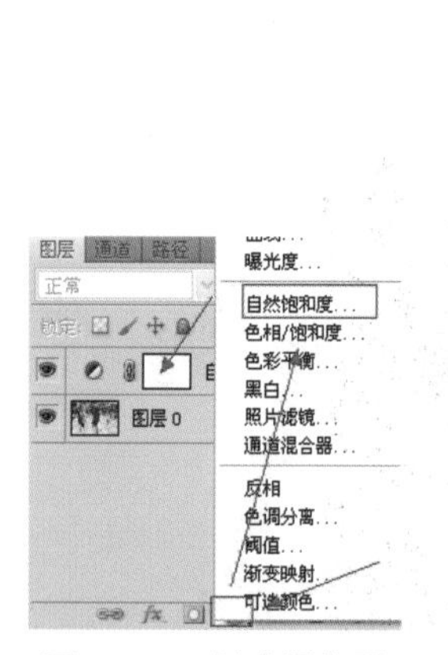

图9-65　创建调整层

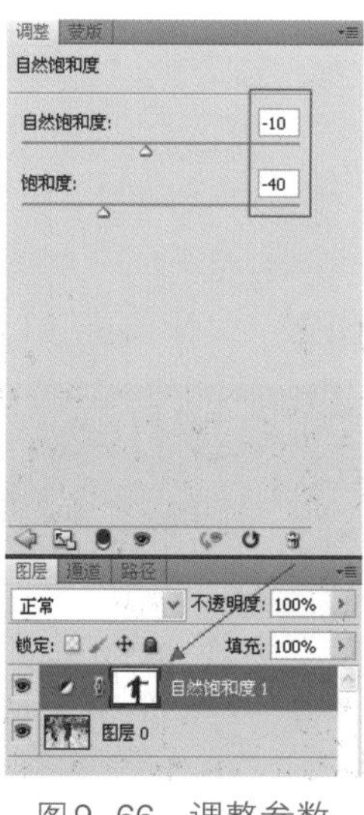

图9-66　调整参数

图9-67　效果

② 再次点击创建新的填充或调整图层，添加一个色彩平衡调整层，如图9-68所示，复制图层“自然饱和度1”的蒙版层到该层，设置参数如图9-69所示，效果如图9-70所示。

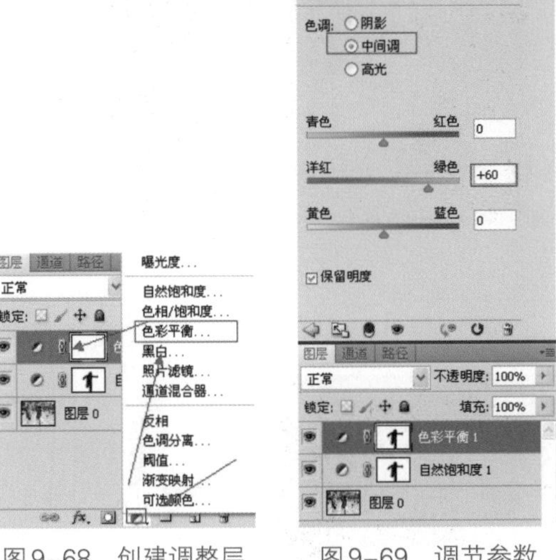

图9-68　创建调整层　　图9-69　调节参数　　图9-70　效果

③ 点击创建新的填充或调整图层，添加一个通道混合器调整层，如图9-71所示，设置参数如图9-72所示，利用画笔工具将除了树叶之外的景物全部给涂掉，最终效果如图9-73所示。

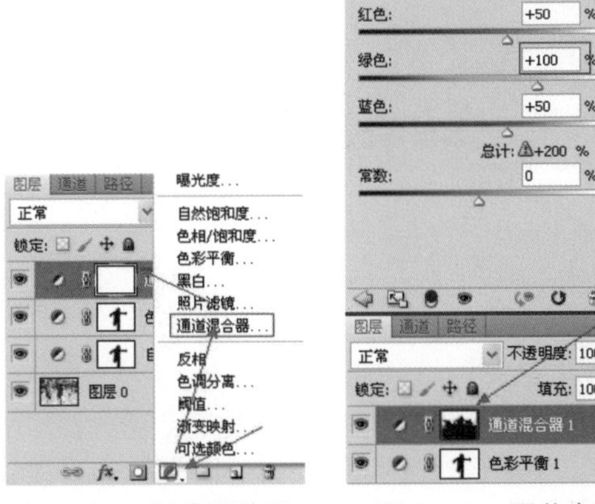

图9-71　创建调整层　　图9-72　调节参数　　图9-73　效果

9.5.4　暗角层的处理

① 新建图层1，使用“椭圆选框工具”（快捷键M）在图层上画一个椭圆形，执行快捷键Shift+F6对选区进行羽化，数值为100像素，如图9-74所示，再执行快捷键Ctrl+Alt+I，反选选区，设置前景色为“黑”色，执行快捷键Alt+Backspace填充前景色，效果如图9-75所示。

② 本例到此完成，最终效果如图9-76所示。

图9-74　羽化选区

图9-75　填充效果

图9-76　最终效果

9.6 高级技巧：LOMO相机——日系风格

9.6.1 关于LOMO照片效果

LOMO原指的是相机，后来指的是此类相机拍摄的效果。此类相机在灯光越暗的情况下照出来效果越好。还有一种特殊的“隧道效果”：照片的四周会显得比中间暗很多。本例原图如图9-77左图所示，效果图如图9-77右图所示，过程图如图9-78所示。

图9-77　效果对比

图9-78　过程图

9.6.2　基本操作与调整

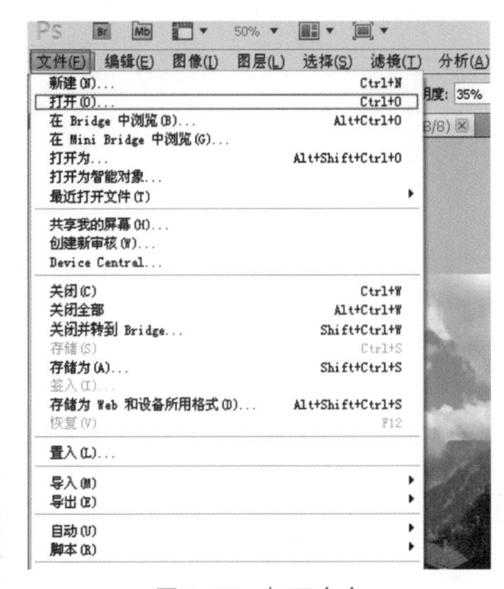

图9-79　打开命令

① 运行Photoshop CS5软件，执行“文件”/“打开”（快捷键Crtl+O）命令，在弹出的“打开”对话框中将素材文件选中并单击“打开”返回工作区，如图9-79所示。

② 双击背景图层，在弹出对话框中单击“确定”按钮，将背景图层转换成普通图层0，如图9-80所示。

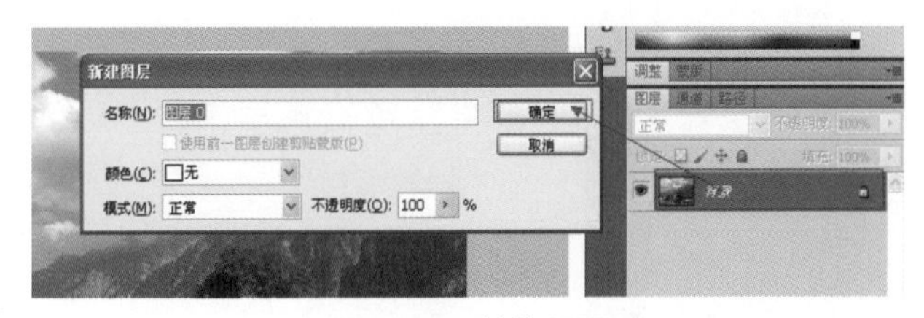

图9-80　转换图层

③ 在图层0上，按快捷键Ctrl+J复制一层得到图层“图层0副本”，选择该图层，点击创建新的填充或调整图层，添加一个色彩平衡调整层，如图9-81所示，调整参数如图9-82所示，效果如图9-83所示。

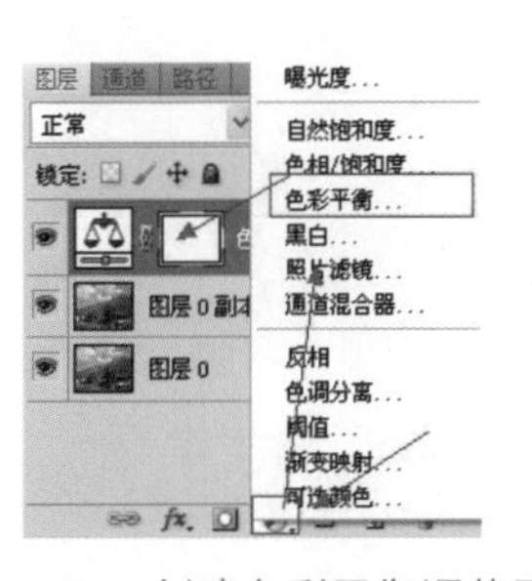

图9-81　创建色彩平衡调整层

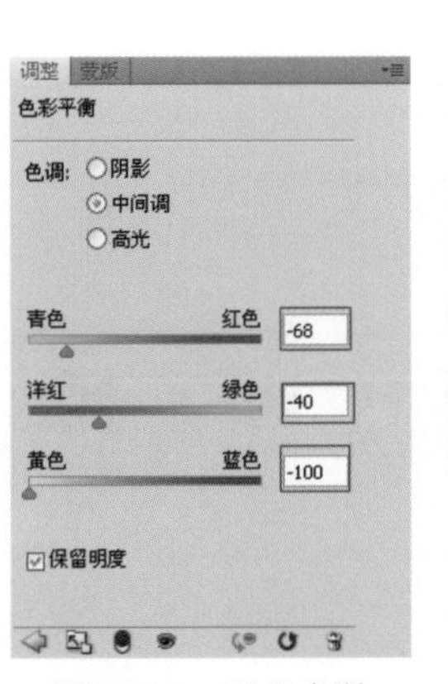

图9-82　调节参数

图9-83　效果

9.6.3 LOMO相机风格的调整

① 点击创建新的填充或调整图层，添加一个色阶调整层，如图9-84所示，调整参数如图9-85所示，效果如图9-86所示。

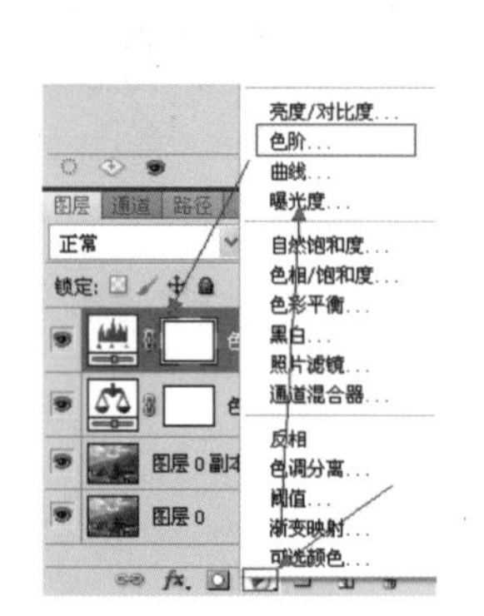
图9-84 创建色阶调整图层

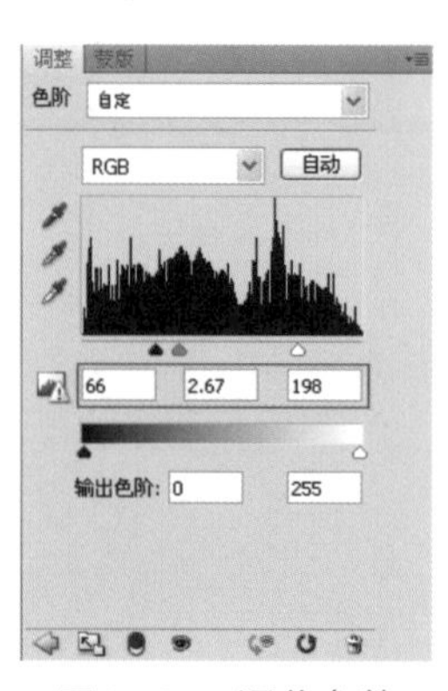
图9-85 调节参数

图9-86 效果

图9-87 合并图层

② 按住Shift键同时选择“图层0副本”、“色彩平衡1”、“色阶1”三个图层，执行Ctrl+Alt+E合并图层“色阶1（合并）”，如图9-87所示。

③ 在图层“色阶1（合并）”上，使用“椭圆选框工具”（快捷键M）在图层上画一个椭圆形，如图9-88所示，执行快捷键Shift+F6对选区进行羽化，数值为50像素，如图9-89所示，再执行快捷键Ctrl+Alt+I，反选选区，如图9-90然后执行菜单命令：“滤镜”/“模糊”/“高斯模糊”，如图9-91所示，参数如图9-92所示，效果如图9-93所示。

图9-88 选区

图9-89 羽化选区

图9-90　效果

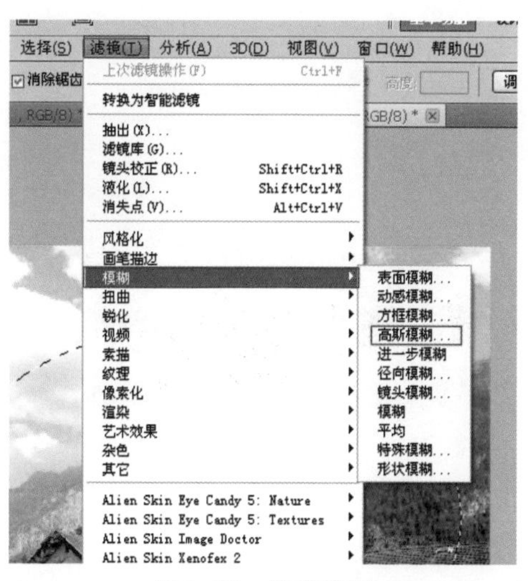

图9-91　高斯模糊

图9-92　参数设置

图9-93　效果

④ 新建图层1，使用“椭圆选框工具”（快捷键M）在图层上画一个椭圆形，如图9-94所示，执行快捷键Shift+F6对选区进行羽化，数值为100像素，如图9-95所示，再执行快捷键Ctrl+Alt+I，反选选区，如图9-96所示。设置前景色为黑色，执行快捷键Alt+Backspace填充前景色，并设置透明度为“30%”，效果如图9-97所示。

图9-94　选区

图9-95　羽化选区

图9-96　反向选择

图9-97　填充效果

⑤ 新建图层2，使用渐变工具（快捷键G）拉出一点暗角，如图9-98所示。

图9-98　渐变工具

⑥ 本例到此完成，最终效果如图9-99所示。

图9-99　最终效果

10 数码照片存储与输出

10.1 数码照片格式与规格

10.1.1 数码照片格式

数码相机常用的存储格式类型有JPEG、TIFF、RAW。不同的格式具有不同的特点，在实际拍摄过程中我们应选择最适合的存储格式，以便有效的利用存储空间，记录更多的影像。

（1）JPEG图像格式

JPEG文件的后缀名为“.jpg”或者“.jpeg”,是最常用的图像文件格式。这是一种有损的压缩格式，能够将图像压缩在很小的储存空间内。压缩过程中图像重复或不重要的资料会丢失，因此容易造成图像数据的损失。尤其是使用过高的压缩比例时，图像质量会明显降低。如果不要求较高的画质效果，那么使用JPEG格式则可以用最少的磁盘空间保存更多的照片内容。

JPEG格式压缩的主要是高频信息，对色彩信息保留较好，适合用于互联网上传，可减少图像的传输时间。支持24bit真彩色，是目前网络上最流行的图像上传格式。作为传统的存储格式，应用在光盘等读物上，也十分的方便有效。

（2）TIFF图像格式

TIFF文件的后缀名为“.tif”，支持多种编码方法，其中包括RGB无压缩、RLE压缩及JPEG压缩等。具有扩展性、方便性和可改性，可以在多种环境中运行，也可使用图像编辑程序进行完善的后期处理与设置。TIFF格式常用于商业广告和出版行业，其画质细腻，过渡自然，兼容性也较好。

（3）RAW图像格式

RAW图像格式的文件扩展名为“.raw”，但不同的DSLR使用的名称不尽相同，如尼康DSLR拍摄的照片扩展名为“.NEF”，RAW是一种数据文件，其存储的是没有经过处理的，最原始的照片数据。将RAW格式图片导入电脑后，需要经过专门软件的处理才能使用。它最大的好处是保存了最原始的CCD数据，把更多的权利赋予了拍摄者，为后期制作留下了更大的操作空间。

RAW格式在实际使用中最大的优势是在后期处理中可以对CCD感光元件上记录的原始数据进行曝光补偿、色彩平衡、白平衡调整等多项处理，而且画质不会被破坏。但其不足之处在于必须使用专门的RAW处理软件才能导出照片，读取与存储速度也较慢。

10.1.2 照片标准规格

一般说来，照片的规格我们需要了解的是数码相机拍摄的规格和冲洗扩印照片时的规格两种。数码相机拍摄的照片一般是4∶3的比例（与我们的显示器的比例一致），这里的比例实际上就是分辨率的比例。而扩印的照片的比例一般是3∶2左右（与胶卷负片的长宽比例一致），所以，数码相机的照片扩印出来一般要把照片的比例剪裁成3∶2左右，这样扩印出来的照片才是正好充满整张相纸。如果想照片不剪裁，或者是拍摄的内容太满，没有剪裁的余地，就只好在扩印的时候左右两边留一点白边了。

如：照片是1600×1200的即比例是4∶3，而6寸照片是15.2×10.2的即比例是3∶2，如果照片不剪裁，4∶3比例的照片放在3∶2的相纸上面只能照片的两边各留一点白边了，就像两边加了白框（上下不加），如果不想留白边，可以把照片的上面或下面剪裁掉一些，使照片成为1600×1074 (1600÷15.2×10.2=1074)，这样就是3∶2了，正好放满整张6寸相纸了。另外要注意一般照片都设置300左右的分辨率。

数码照片的大小实际上是相机的像素决定的，以分辨率比例作为图像规格。如分辨率为1024×768约等于80万像素，2816×2112约等于600万像素，3876×2584约等于1000万像素。

数码照片后期扩印常用尺寸单位为“寸”和“R”，其中“寸”（指英寸），一寸等于2.54cm，我们说的多少寸是指照片的长边，如5寸就是照片长2.54×5=12.7cm、12寸就是2.54×12=30.5cm，以此类推。“R”是相纸长度单位，如3R就是5寸，实际就是取5寸照片实际尺寸的短边为规格名称。

附：对照表

照片规格（寸）	实际尺寸（英寸）	照片尺寸（cm）	最佳图像分辨率	最低图像分辨率
1	1×1.5	2.5×3.8	450×300	300×200
2	1.5×2.0	3.8×5.1	600×450	400×300
5（3R）	5×3.5	12.7×8.9	1500×1050	1200×840
6（4R）	6×4	15.2×10.2	1800×1200	1440×960
7（5R）	7×5	17.8×12.8	2100×1500	1680×1200
8（6R）	8×6	20.3×15.2	2400×1800	1920×1440
10（8R）	10×8	25.4×20.3	3000×2400	2400×1920
12（10R）	12×10	30.5×25.4	3600×3000	2500×2000
14	14×10	35.6×25.4	4200×3000	2800×3000

10.2 数码照片的存储

10.2.1 数码照片存储介质

数码相机将图像信号转换为数据文件保存在磁介质设备或者光记录介质上，即数码相机中的存储卡上。存储卡的作用相当于电脑的硬盘，用于记录大量的图片文件。将其与电脑相连时，便可很方便地提取其中的数据文件。针对不同的数码相机，存储卡也有多种类型：CF卡、SD卡、SM卡、记忆棒和XD卡。存储卡的主要评价参数是容量、存储速度、安全性能、原则上容量越大、存储速度越快、越安全的存储卡越好，不过价格也就越贵。常见的品牌有晟碟、金士顿等。

(1) CF卡 全称Compact Flash Card，由SanDisk公司于1994年首先推出，如图10-1所示，是一种用于便携式电子设备的数码存储设备。它比其它存储形式具有更长的使用寿命以及较低的单位容量成本，可以通过读卡器连接到多种常用的端口，如USB。但CF卡也有缺点和不足之处：①容量有限；②体积较大；③性能限制。CF卡的工作温度一般在0至40摄氏度之间。

图10-1 CF卡

图10-2　MMC卡

图10-3　SD卡

图10-4　MS卡

图10-5　XD卡

图10-6　读卡器

（2）MMC卡　全称Multimedia Card，于1997年由美国SanDisk公司与德国西门子（SIEMENS）公司共同开发，主要用于手机、数码相机、数码摄影机及MP3等多种数码产品。MMC卡具有小型轻量的特点，耐冲击，可反复读写30万次，如图10-2所示。

（3）SD卡　全称Secure Digital Memory Card，是由日本松下（Panasonic）公司，东芝（TOSHIBA）公司与美国SanDisk公司共同开发研制的。SD卡的容量大，且读写速度比MMC卡快4倍。同时，SD卡的接口与MMC卡是兼容的，因此支持SD卡的接口大多支持MMC卡。目前，SD卡在数码相机中正在迅速普及，大有成为主流之势，如图10-3所示。

（4）记忆棒　Memory Stick，又称MS卡，是一种可移除式的快闪记忆卡格式的存储设备，由索尼公司制作，并于1998年10月推出。记忆棒外形小巧，具有高度的稳定性和版权保护功能，与索尼公司推出的大量产品相匹配。缺点与不足也在于它只能在索尼数码相机中使用，并且容量尚不够大，如图10-4所示。

（5）XD卡　全称XD-Picture Card，是由日本富士和奥林巴斯公司共同开发的新一代存储卡，被人们视为SM卡的换代产品。目前奥林巴斯和富士公司新推出的数码相机基本上都采用了这种新型的闪存卡。容量大，体积小巧，读写速度快，功耗较低是它的主要优点，但相对来说价格较高，如图10-5所示。

（6）读卡器　读卡器的作用是将存储卡上的照片导入电脑。虽然数码相机都配有USB数据接口，可以通过数据线导入，但使用数据线传输非常不方便，也容易损坏相机的USB接口。建议最好不要购买一个读卡器。一般买一个单卡读卡器就行了，但如果拥有多种不同的存储卡，则可以选择多功能读卡器，如六合一读卡器。选购一个做工优良、质量好的高速读卡器能减少很多不必要的麻烦，如图10-6所示。

10.2.2　刻录光盘存储

数码照片的另一个保存方式就是刻录光盘保存，这种储存方法的优点是兼容性强，携带方便。缺点是相对于硬盘储存价格稍高，且保存寿命不稳定。

目前有很多款刻录软件均可刻录光盘，这里以刻录软件Nero7.10.1.2版本为例，介绍将数码照片刻录光盘储存的步骤。

① 运行Nero软件，点击“文件”/“新建”一个编辑，如图10-7所示。

② 在菜单栏选择“编辑”/“添加文件”，或者直接在界面的右侧的文件浏览框内选择文件直接拖拉到左侧的文件框内，如图10-8所示。

③ 点击快捷菜单栏的“刻录”按钮，弹出刻录编译对话框设置刻录信息后点击话框内的“刻录”按钮即可，如图10-9所示。

需要注意的是，刻录前可以根据所需储存的数据量的大小选择合适容量的光盘，一般分为CD和DVD两种，存储容量分别是约700MB和4GB。

图10–7　打开命令

图10–8　添加文件

图10–9　“刻录”对话框

10.3 数码照片的冲印

10.3.1 相纸的选择

相纸就是专为打印照片制造的纸张，既有一定的厚度和硬度要求，还要能色彩鲜艳、长时间保持颜色。从技术上讲，相纸是在普通纸的基础上涂上特殊的涂层，这样纸张看起来更加光亮，并且能够快速吸收颗粒极小的墨水，使之固化，长时间保持照片颜色鲜艳。此外，纸张质地比较硬，进行高分辨率打印也可以有效防止墨水渗透。就涂料层及纸张介质的不同来分类，相纸可分为光泽照片纸、相片纸、光面纸和高分辨率纸（厚相片纸）四种。

光泽照片纸：光泽照片纸的英文全称是“Photo Quality Glossy Film”。光泽照片纸，顾名思义，其最大特点就是打印出来的照片表面有一层光泽。此外，有传统照片的质感，还有良好的防潮效果，所以打印的照片看起来非常舒服。它适用于打印较高质量的照片，以及唱片封套、报告封面等，在选购相纸的时候，它是首选纸张。

光面纸：光面纸英文全称为“Photo Quality Glossy Paper”，与光泽照片纸相比，光面纸的细致程度要好，而且表面还有一层很强的光泽。但并不是说它就比光泽相片纸好，因为它没有光泽照片纸那么厚。相对来说，它的价格比较低，适合打印一些要求打印量高的艺术照片和有大量文字的材料，但艺术照片要好好保存，不要让它有褶皱的机会，这样经济又实惠。

光面相片纸：光面相片纸英文全称为“Photo Paper”，它表面是树脂层覆盖，非常光滑，呈现出带光泽的亮白色。用它打印的照片，能产生最大的颜色饱和度，颜色鲜艳，细节表现得比较生动，很具有吸引力，所以用来打印一些广告横幅、海报和产品目录之类的就非常适合。当然，打印照片、贺卡、圣诞卡，或者制作家庭和个人影集都非常不错。

高分辨率纸(厚相片纸) 厚相片纸：这种相纸的最大特点是“厚”，所以价格就比其它照片纸高。这主要在于其涂层比普通喷墨打印纸厚，表面非常平整，打印效果也非常不错，接近传统照片质量。如果想创作鲜艳夺目的图像，它是极好的选择，比如用它来打印厚海报和一些工艺制图等。

当然，分类方法不只这一种，从不同分类标准来分类，就是从不同角度认识和评价相纸，依据涂布方法和涂层材料的不同，相纸又可按如下分类。

膨润型相纸：它是以聚乙烯醇（PVA）为主成膜物形成膨润型涂层涂于原纸上的，称为膨润型相纸（Swellable Paper）。它的表面由明胶和聚乙烯醇等聚合物形成吸墨层，进行打印时，墨滴喷射在吸墨层表面上，聚合物吸收水分膨胀而呈现出各种颜色，色彩还原效果非常好，但由于聚合物膨胀速度有限，所以干燥速度很慢。特别在新型的六色压电式打印机上，打印的图像存在严重的堆积弊病，清晰度很不令人满意。它的耐水性差，虽然通过胶黏剂改性可改善耐水性，但吸墨性又降低，即吸墨性和耐水性相矛盾。总的来说，它的生产成本比较低，但吸墨性能差、干燥慢，也不能防水，打印完后要覆膜处理，所以后期工序繁多、加起来成本比较高，效果也远不如传统的相片，属于低档次产品。现在国内各个生产厂商技术水平相差不大，产品也大多属于这种。

铸涂型防水相纸：铸涂型防水相纸即 Cast Coating Photo Paper，其涂层采用微米级的二氧化硅，经过特殊工艺处理，亮度和白度都可以达到传统相纸的水平。它是国内个别有实力的喷绘材料生产厂家的主打产品。它具有防水的涂层，但基纸和膨润型相纸一样是原纸，所以整体防水性能较差，在打印高饱和度图片后，相纸会出现一定程度变形；同时，涂层的细腻度不够，不能满足超高精度打印的要求。但对于平常的照片打印，是不错的选择。

RC相纸：它的基纸与传统相纸一样，在原纸两面涂有防水的PE涂层RESIN COATING，它的涂层采用纳米级的二氧化硅材料（颗粒直径在150纳米以下），形成极细微的无机-有机复合微粒（ Inorganic-organic hybrid fine particle ），墨水喷上去后，很快被类似蜂巢的微孔(Micro-porous)吸收，间隙型相纸的名称也由此而来的。正由于它的这种特殊的微孔结构，涂层吸墨力很强，对于打印很深色调的部分，也能很好的表现层次感；干燥也很快，从打印机里出来，就可以直接触摸；其涂层材料很细腻，亮度高，能够匹配高精度的照片打印。同时，防水性能也不错，照片不小心被水泼了，凉干就可以了，还能保持原样。总结起来，它的优点是高防水、高吸墨性、即干。RC相纸是喷墨打印介质的发展方向，它打印的图像质量可以与传统的卤化银照相纸相抗衡，随着国内RC相纸制造技术的发展,现在的产品已经可以与传统相纸进行抗衡，俨然成为高端数码冲印的主流。

10.3.2 相纸的品牌

相纸的品牌很多，市场上比较多使用在冲晒相片上的牌子有柯达、富士、爱普生、惠普、乐凯，还有用在特殊一次成像相机上比较多的宝丽来相纸等，如图10-10所示。

图10–10 相纸

10.3.3 打印机的选择

打印机的选择主要从打印机的分类着手，下面介绍打印机的三种分类。

（1）针式打印机（DotMatrix Printer）

针式打印机也称撞击式打印机，其基本工作原理类似于我们用复写纸复写资料一样。针式打印机中的打印头是由多支金属撞针组成，撞针排列成一直行。当指定的撞针到达某个位置时，便会弹射出来，在色带上打击一下，让色素印在纸上做成其中一个色点，配合多个撞针的排列样式，便能在纸上打印出文字或图形。针式打印机的打印成本最低，但是它的打印分辨率也是最低的，如图10-11所示。

图10-11 针式打印机

（2）喷墨打印机（InkJet Printer）

喷墨打印机使用大量的喷嘴，将墨点喷射到纸张上。由于喷嘴的数量较多，且墨点细小，能够做出比针式打印机更细致、混合更多种的色彩效果。喷墨打印机的价格居中，打印品质也较好，所以被广大用户所接受，如图10-12所示。

图10-12 喷墨打印机

（3）激光打印机（LASER Printer）

激光打印机是利用炭粉附着在纸上而成像的一种打印机，其工作原理主要是利用激光打印机内的一个控制激光束的磁鼓，借着控制激光束的开启和关闭，当纸张在磁鼓间卷动时，上下起伏的激光束会在磁鼓产生带电核的图像区，此时打印机内部的炭粉会受到电荷的吸引而附着在纸上，形成文字或图形。由于炭粉属于固体，而激光束有不受环境影响的特性，所以激光打印机可以长年保持印刷效果清晰细致，打印在任何纸张上都可得到好的效果，如图10-13所示。

图10-13　激光打印机

目前照片冲晒用得比较普遍的是喷墨打印机，如果是个人自用的打印机那么喷墨打印机更是首选。

10.3.4　使用Photoshop打印数码照片

使用photoshop打印数码照片的步骤如下。

① 确保打印机已经正确安装驱动程序并连接到电脑。

② 打开Photoshop后点击菜单上的“文件/打开文件”，选择需要打印的数码照片，如图10-14所示。

图10-14　打开文件

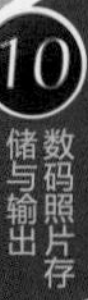

③ 打开照片后点击菜单上的“文件/打印”，弹出打印对话框。注意调整打印信息，如图10-15所示。

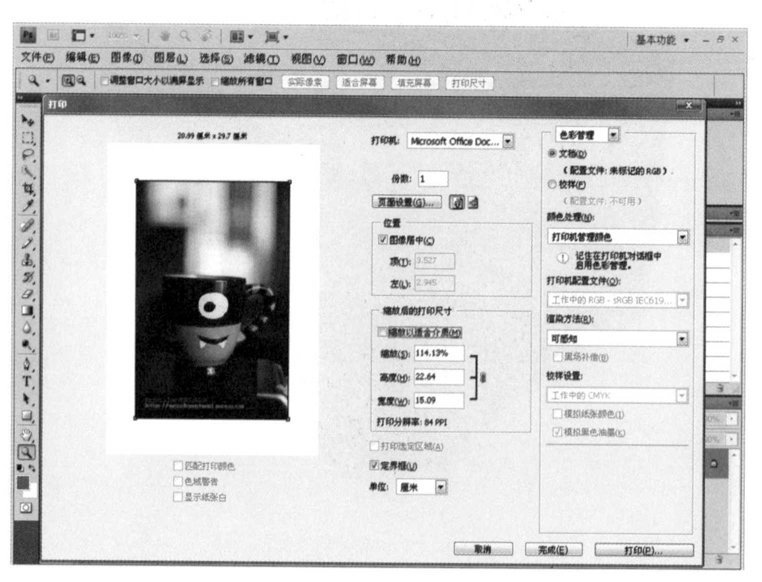

图10-15 “打印”对话框

调整信息完毕后点击对话框内的打印键，最后选择所使用的打印机型号后点击“打印”，如图10-16所示。

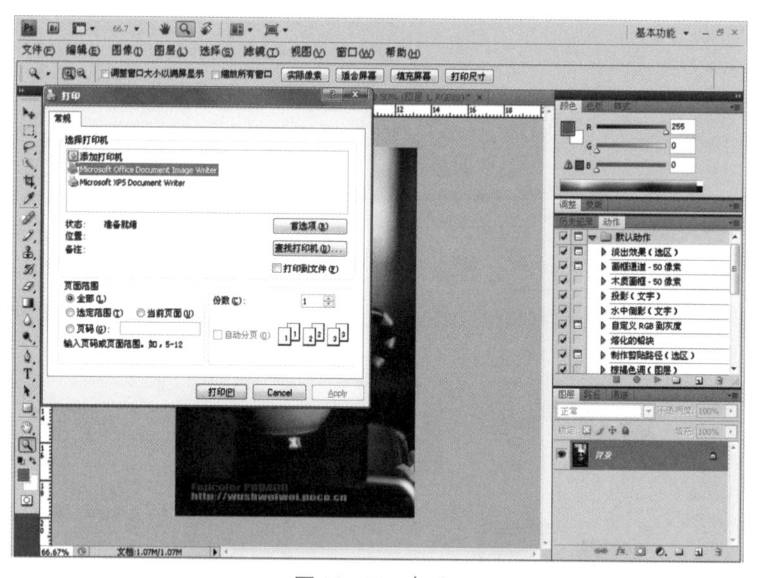

图10-16 打印

附录 Photoshop CS5常用快捷键

一、常规操作快捷键

【Ctrl】+【A】全选

【Ctrl】+【D】取消选择

【Shift】+【Ctrl】+【D】恢复选择

【Ctrl】+【X】剪切

【Ctrl】+【C】复制

【Ctrl】+【V】粘贴

【Shift】+【Ctrl】+【I】反选

【Ctrl】+【T】自由变换

【Shift】+【Ctrl】+【T】重复上一步的变换和程度

【Alt】+【Ctrl】+【D】羽化调节

【Ctrl】+【L】水平调节

【Ctrl】+【M】曲线调节

【Ctrl】+【B】色彩平衡调节

【Ctrl】+【U】色饱和度调节

【Shift】+【Ctrl】+【U】图像变黑白

【Ctrl】+【E】向下合并图层

【Shift】+【Ctrl】+【E】合并可见图层

【Ctrl】+【0】满画布显示

【Ctrl】+【+】放大显示

【Ctrl】+【－】缩小显示

【Ctrl】+鼠标左健　图像移动工具

空格键+鼠标左健　手形工具

【Tab】隐藏、显示控制面板

【Esc】取消

【F1】帮助

二、工具箱快捷键

提示：多种工具共用一个快捷键的可同时按【Shift】加此快捷键选取

矩形、椭圆选框工具【M】

裁剪工具【C】

移动工具【V】

套索、多边形套索、磁性套索【L】

魔棒工具【W】

喷枪工具【J】

画笔工具【B】

橡皮图章、图案图章【S】

历史记录画笔工具【Y】

橡皮擦工具【E】

铅笔、直线工具【N】

模糊、锐化、涂抹工具【R】

减淡、加深、海绵工具【O】

钢笔、自由钢笔、磁性钢笔【P】

添加锚点工具【+】

删除锚点工具【-】

直接选取工具【A】

文字、文字蒙版、直排文字、直排文字蒙版【T】

度量工具【U】

直线渐变、径向渐变、对称渐变、角度渐变、菱形渐变【G】

油漆桶工具【K】

吸管、颜色取样器【I】

抓手工具【H】

缩放工具【Z】

默认前景色和背景色【D】

切换前景色和背景色【X】

切换标准模式和快速蒙版模式【Q】

标准屏幕模式、带有菜单栏的全屏模式、全屏模式【F】

临时使用移动工具【Ctrl】

临时使用吸色工具【Alt】

临时使用抓手工具【空格】

打开工具选项面板【Enter】

快速输入工具选项（当前工具选项面板中至少有一个可调节数字）【0】至【9】

循环选择画笔【[】或【]】

选择第一个画笔【Shift】+【[】

选择最后一个画笔【Shift】+【]】

建立新渐变（在”渐变编辑器”中）【Ctrl】+【N】

三、文件菜单操作快捷键

新建图形文件【Ctrl】+【N】

用默认设置创建新文件【Ctrl】+【Alt】+【N】

打开已有的图像【Ctrl】+【O】

打开为...【Ctrl】+【Alt】+【O】

关闭当前图像【Ctrl】+【W】

保存当前图像【Ctrl】+【S】
另存为...【Ctrl】+【Shift】+【S】
存储副本【Ctrl】+【Alt】+【S】
页面设置【Ctrl】+【Shift】+【P】
打印【Ctrl】+【P】
打开“预置”对话框【Ctrl】+【K】
显示最后一次显示的“预置”对话框【Alt】+【Ctrl】+【K】
设置“常规”选项（在预置对话框中）【Ctrl】+【1】
设置“存储文件”（在预置对话框中）【Ctrl】+【2】
设置“显示和光标”（在预置对话框中）【Ctrl】+【3】
设置“透明区域与色域”（在预置对话框中）【Ctrl】+【4】
设置“单位与标尺”（在预置对话框中）【Ctrl】+【5】
设置“参考线与网格”（在预置对话框中）【Ctrl】+【6】
设置“增效工具与暂存盘”（在预置对话框中）【Ctrl】+【7】
设置“内存与图像高速缓存”（在预置对话框中）【Ctrl】+【8】

四、编辑菜单操作快捷键

还原/重做前一步操作【Ctrl】+【Z】
还原两步以上操作【Ctrl】+【Alt】+【Z】
重做两步以上操作【Ctrl】+【Shift】+【Z】
剪切选取的图像或路径【Ctrl】+【X】或【F2】
拷贝选取的图像或路径【Ctrl】+【C】
合并拷贝【Ctrl】+【Shift】+【C】
将剪贴板的内容粘到当前图形中【Ctrl】+【V】或【F4】
将剪贴板的内容粘到选框中【Ctrl】+【Shift】+【V】
自由变换【Ctrl】+【T】
应用自由变换（在自由变换模式下）【Enter】
只调整蓝色（在色相/饱和度”对话框中）【Ctrl】+【5】
只调整洋红（在色相/饱和度”对话框中）【Ctrl】+【6】
去色【Ctrl】+【Shift】+【U】
反相【Ctrl】+【I】

五、图层操作快捷键

从对话框新建一个图层【Ctrl】+【Shift】+【N】
以默认选项建立一个新的图层【Ctrl】+【Alt】+【Shift】+【N】
通过拷贝建立一个图层【Ctrl】+【J】
通过剪切建立一个图层【Ctrl】+【Shift】+【J】
与前一图层编组【Ctrl】+【G】
取消编组【Ctrl】+【Shift】+【G】
向下合并或合并连接图层【Ctrl】+【E】
合并可见图层【Ctrl】+【Shift】+【E】
盖印或盖印连接图层【Ctrl】+【Alt】+【E】
盖印可见图层【Ctrl】+【Alt】+【Shift】+【E】
将当前层下移一层【Ctrl】+【[】
将当前层上移一层【Ctrl】+【]】
将当前层移到最下面【Ctrl】+【Shift】+【[】
将当前层移到最上面【Ctrl】+【Shift】+【]】
激活下一个图层【Alt】+【[】
激活上一个图层【Alt】+【]】
激活底部图层【Shift】+【Alt】+【[】
激活顶部图层【Shift】+【Alt】+【]】
调整当前图层的透明度（当前工具为无数字参数的，如移动工具）【0】至【9】
保留当前图层的透明区域（开关）【/】
投影效果（在”效果”对话框中）【Ctrl】+【1】
内阴影效果（在”效果”对话框中）【Ctrl】+【2】
外发光效果（在”效果”对话框中）【Ctrl】+【3】
内发光效果（在”效果”对话框中）【Ctrl】+【4】
斜面和浮雕效果（在”效果”对话框中）【Ctrl】+【5】
应用当前所选效果并使参数可调（在”效果”对话框中）【A】

六、图层混合模式操作快捷键

循环选择混合模式【Alt】+【-】或【+】
正常【Ctrl】+【Alt】+【N】
阈值（位图模式）【Ctrl】+【Alt】+【L】
溶解【Ctrl】+【Alt】+【I】
背后【Ctrl】+【Alt】+【Q】
清除【Ctrl】+【Alt】+【R】
正片叠底【Ctrl】+【Alt】+【M】
屏幕【Ctrl】+【Alt】+【S】
叠加【Ctrl】+【Alt】+【O】
柔光【Ctrl】+【Alt】+【F】
强光【Ctrl】+【Alt】+【H】
颜色减淡【Ctrl】+【Alt】+【D】
颜色加深【Ctrl】+【Alt】+【B】
变暗【Ctrl】+【Alt】+【K】
变亮【Ctrl】+【Alt】+【G】
差值【Ctrl】+【Alt】+【E】
排除【Ctrl】+【Alt】+【X】
色相【Ctrl】+【Alt】+【U】
饱和度【Ctrl】+【Alt】+【T】
颜色【Ctrl】+【Alt】+【C】
光度【Ctrl】+【Alt】+【Y】

去色 海绵工具+【Ctrl】+【Alt】+【J】
加色 海绵工具+【Ctrl】+【Alt】+【A】
暗调 减淡/加深工具+【Ctrl】+【Alt】+【W】
中间调 减淡/加深工具+【Ctrl】+【Alt】+【V】
高光 减淡/加深工具+【Ctrl】+【Alt】+【Z】

七、选择功能操作快捷键

全部选取【Ctrl】+【A】
取消选择【Ctrl】+【D】
重新选择【Ctrl】+【Shift】+【D】
羽化选择【Ctrl】+【Alt】+【D】
反向选择【Ctrl】+【Shift】+【I】
路径变选区 数字键盘的【Enter】
载入选区【Ctrl】+点按图层、路径、通道面板中的缩略图

八、滤镜操作快捷键

按上次的参数再做一次上次的滤镜【Ctrl】+【F】
退去上次所做滤镜的效果【Ctrl】+【Shift】+【F】
重复上次所做的滤镜（可调参数）【Ctrl】+【Alt】+【F】
选择工具（在"3D变化"滤镜中）【V】
立方体工具（在"3D变化"滤镜中）【M】
球体工具（在"3D变化"滤镜中）【N】
柱体工具（在"3D变化"滤镜中）【C】
轨迹球（在"3D变化"滤镜中）【R】
全景相机工具（在"3D变化"滤镜中）【E】

九、视图操作

显示彩色通道【Ctrl】+【~】
显示单色通道【Ctrl】+【数字】
显示复合通道【~】
以CMYK方式预览（开关）【Ctrl】+【Y】
打开/关闭色域警告【Ctrl】+【Shift】+【Y】
放大视图【Ctrl】+【+】
缩小视图【Ctrl】+【-】
满画布显示【Ctrl】+【0】
实际像素显示 3lian.com【Ctrl】+【Alt】+【0】
向上卷动一屏【PageUp】
向下卷动一屏【PageDown】
向左卷动一屏【Ctrl】+【PageUp】
向右卷动一屏【Ctrl】+【PageDown】
向上卷动10个单位【Shift】+【PageUp】
向下卷动10个单位【Shift】+【PageDown】
向左卷动10个单位【Shift】+【Ctrl】+【PageUp】
向右卷动10个单位【Shift】+【Ctrl】+【PageDown】
将视图移到左上角【Home】
将视图移到右下角【End】
显示/隐藏选择区域【Ctrl】+【H】
显示/隐藏路径【Ctrl】+【Shift】+【H】
显示/隐藏标尺【Ctrl】+【R】
显示/隐藏参考线【Ctrl】+【;】
显示/隐藏网格【Ctrl】+【"】
贴紧参考线【Ctrl】+【Shift】+【;】
锁定参考线【Ctrl】+【Alt】+【;】
贴紧网格【Ctrl】+【Shift】+【"】
显示/隐藏"画笔"面板【F5】
显示/隐藏"颜色"面板【F6】
显示/隐藏"图层"面板【F7】
显示/隐藏"信息"面板【F8】
显示/隐藏"动作"面板【F9】
显示/隐藏所有命令面板【TAB】
显示或隐藏工具箱以外的所有调板【Shift】+【TAB】

十、文字处理（在"文字工具"对话框中）

左对齐或顶对齐【Ctrl】+【Shift】+【L】
中对齐【Ctrl】+【Shift】+【C】
右对齐或底对齐【Ctrl】+【Shift】+【R】
左/右选择1个字符【Shift】+【←】/【→】
下/上选择1行【Shift】+【↑】/【↓】
选择所有字符【Ctrl】+【A】
选择从插入点到鼠标点按点的字符【Shift】加点按
左/右移动1个字符【←】/【→】
下/上移动1行【↑】/【↓】
左/右移动1个字【Ctrl】+【←】/【→】
将所选文本的文字大小减小2点像素【Ctrl】+【Shift】+【<】
将所选文本的文字大小增大2点像素【Ctrl】+【Shift】+【>】
将所选文本的文字大小减小10点像素【Ctrl】+【Alt】+【Shift】+【<】
将所选文本的文字大小增大10点像素【Ctrl】+【Alt】+【Shift】+【>】
将行距减小2点像素【Alt】+【↓】
将行距增大2点像素【Alt】+【↑】
将基线位移减小2点像素【Shift】+【Alt】+【↓】
将基线位移增加2点像素【Shift】+【Alt】+【↑】
将字距微调或字距调整减小20/1000ems【Alt】+【←】
将字距微调或字距调整增加20/1000ems【Alt】+【→】
将字距微调或字距调整减小100/1000ems【Ctrl】+【Alt】+【←】
将字距微调或字距调整增加100/1000ems【Ctrl】+【Alt】+【→】

参考文献

[1] 王静. Photoshop CS3数码摄影与照片修饰自学通典. 北京：清华大学出版社，2010.

[2] [英] 伊文宁著，张海燕，杨晓珂译. Photoshop CS4摄影师专业技法. 北京：人民邮电出版社，2010.